**Berichte aus dem
Institut für Umformtechnik
der Universität Stuttgart
Herausgeber: Prof. Dr.-Ing. K. Lange**

55

Peter Metzger

Die numerisch gesteuerte Radial-Umformmaschine und ihr Einsatz im Rahmen einer flexiblen Fertigung

Mit 65 Abbildungen

Springer-Verlag
Berlin Heidelberg New York 1980

Dipl.-Ing. Peter Metzger
Institut für Umformtechnik
Universität Stuttgart

Dr.-Ing. Kurt Lange
o. Professor an der Universität Stuttgart
Institut für Umformtechnik

D 93

ISBN-13:978-3-540-10073-7   e-ISBN-13:978-3-642-81467-9
DOI: 10.1007/978-3-642-81467-9

Die Umformtechnik zeichnet sich durch sehr gute Werkstoffauswertung und hohe Mengenleistung in der Serienfertigung gegenüber anderen Fertigungsverfahren aus, wobei Beibehaltung der Masse, Änderung der Festigkeitseigenschaften während eines Vorgangs und elastische Rückfederung der Werkstücke nach einem Vorgang wesentliche Merkmale sind. Weiter sind die benötigten Kräfte, Arbeiten und Leistungen sehr viel größer als z.B. bei spanenden Verfahren. Die sichere Beherrschung eines Verfahrens in der industriellen Fertigung und die zunehmende Forderung nach Vermeidung bzw. Minimierung spanender Nacharbeit erzwingen die geschlossene Betrachtung des Systems "Umformende Fertigung" unter zentraler Berücksichtigung plastizitätstheoretischer, werkstoffkundlicher und tribologischer Grundlagen.

Das Institut für Umformtechnik der Universität Stuttgart stellt entsprechend Forschung und Entwicklung zum einen auf die Erarbeitung von Grundlagenwissen in diesen Bereichen ab, zum anderen untersucht und entwickelt es Verfahren unter Anwendung spezieller Meßtechniken mit dem Ziel einer genauen quantitativen Ermittlung des Einflusses der Parameter von Vorgang, Werkstoff, Werkzeug und Maschine. Die Behandlung von Problemen des Maschinenverhaltens, der Maschinenkonstruktion sowie der Werkzeugauslegung und -beanspruchung, der Auswahl hochbeanspruchbarer, verschleißfester Werkzeugbaustoffe und schließlich der Tribologie gehört entsprechend ebenfalls zum Arbeitsgebiet, das durch die Erfassung organisatorischer und betriebswirtschaftlicher Fragen abgerundet wird.

Im Rahmen der "Berichte aus dem Institut für Umformtechnik" erscheinen in zwangloser Folge jährlich mehrere Bände, in denen über einzelne Themen ausführlich berichtet wird. Dabei handelt es sich vornehmlich um Abschlußberichte von Forschungsvorhaben, Dissertationen, aber gelegentlich auch um andere Texte. Diese Berichte sollen den in der Praxis stehenden Ingenieuren und Wissenschaftlern zur Weiterbildung dienen und eine Hilfe bei der Lösung umformtechnischer Aufgaben sein. Für die Studierenden bieten sie die Möglichkeit zur Vertiefung der Kenntnisse. Die seit

zwei Jahrzehnten bewährte freundschaftliche Zusammenarbeit mit
dem Springer-Verlag sehe ich als beste Voraussetzung für das
Gelingen dieses Vorhabens an.

Kurt Lange

<u>Vorwort</u>

Die vorliegende Arbeit entstand während meiner Tätigkeit als
wissenschaftlicher Mitarbeiter am Institut für Umformtechnik
der Universität Stuttgart.

Herrn Professor Dr.-Ing. K. Lange danke ich für seine wohlwollen-
de Unterstützung und großzügige Förderung bei der Durchführung
dieser Arbeit.

Für die eingehende Durchsicht der Dissertation, aus der sich
zahlreiche Anregungen ergaben, bin ich Herrn Professor Dr.-Ing.
H.-J. Warnecke dankbar.

Mein Dank gilt auch allen Mitarbeiterinnen und Mitarbeitern des
Instituts für Umformtechnik, die durch tätige Hilfe meine Arbeit unterstützt haben.

Die Mittel zur Durchführung wurden von der Deutschen Forschungs-
gemeinschaft zur Verfügung gestellt.

Stuttgart, Dezember 1979   Peter Metzger

Inhaltsverzeichnis

Schrifttumsverzeichnis

[1]   Junghanns, W.: Entwicklung von integrierten Fertigungs-
       systemen. ZWF 70 (1975) 6, S. 309 bis 319.

[2]   Dolezalek, C. M.: Automatisierung - Automation - ein Bei-
       trag zur Klärung der Begriffe. VDI-Zeitschrift 98 (1956)
       12, S. 563 bis 564.

[3]   Eversheim, W.; Westkämper, E.: Stand und Entwicklungs-
       tendenzen des Computer-Aided-Manufacturing (CAM). wt -
       Z. ind. Fertig. 67 (1977), S. 171 bis 178.

[4]   Dolezalek, C. M.: Die flexible Fertigungslinie und ihre
       Bedeutung für die Automatisierung der Serienfertigung.
       VDI-Zeitschr. 108 (1966), S. 1261 bis 1268.

[5]   Ropohl, O.: Flexible Fertigungssysteme. Mainz: Kraus-
       kopf 1971.

[6]   Junghanns,W.: Planung neuer Fertigungssysteme für die
       Einzel- und Serienfertigung. Dr.-Ing.-Diss., TH Aachen
       1971.

[7]   Dolezalek, C. M.; Ropohl, G.: Flexible Fertigungssysteme -
       die Zukunft der Fertigungstechnik. wt - Z. ind. Fertig.
       60 (1970) 8, S. 446 bis 451.

[8]   Autorenkollektiv: Projektierung flexibler Fertigungssy-
       steme. Ind.-Anz. 93 (1971) 60, S. 1512 bis 1521.

[9]   Walk, G.: Flexibles Fertigungssystem für Rotationsteile.
       Werkstatt und Betrieb 105 (1972) 1, S. 9 bis 12.

[10]   Scharf, P.; Schulz, E.: Integrierte, flexible Fertigungs-
       systeme. Teil 1 und 2. wt - Z. ind. Fertig. 63 (1973),
       S. 130 bis 136 und S. 199 bis 206.

[11]   Spur, G. u.a.: Flexibles Fertigungssystem zur Bearbei-
       tung rotationssymmetrischer Werkstücke. ZWF 71 (1976) 2,
       S. 43 bis 49.

[12]   Klaar, J.: Flexible Fertigungssysteme - Möglichkeiten
       und Grenzen ihres wirtschaftlichen Einsatzes. Ind.-Anz. 98
       (1976) 79, S. 1405 bis 1406.

[13]   Koschnitzki, K.: Einsatzmöglichkeiten, Marktübersicht
       und Entwicklungstendenzen numerisch gesteuerter Bearbei-
       tungszentren. wt - Z. ind. Fertig. 66 (1976) S. 421 bis
       427.

[14]   Autorenkollektiv: Forschungsberichte des Sonderforschungs-
       bereichs 155 "Fertigungstechnik - Flexible Fertigungs-
       systeme" der Universität Stuttgart für die Jahre 1973,
       1974 und 1975.

[15]   Autorenkollektiv: Arbeits- und Ergebnisbericht des Son-
       derforschungsbereichs 155 - Fertigungstechnik - der
       Universität Stuttgart für den Zeitraum 1975 bis 1977.

[16]   Lange, K.: Lehrbuch der Umformtechnik, Bd. 1, Grundlagen.
       Berlin-Heidelberg-New York: Springer 1972.

[17]   Spur, G. u.a.: Konkurrierende Fertigungsverfahren der
       Umformtechnik und der spanenden Fertigung. ZWF 69 (1974)
       5, S. 199 bis 202.

[18]   Haas, F.: Ermittlung eines wirtschaftlichen Fertigungs-
       verfahrens zur Herstellung einer Verschlußschraube. ZWF
       61 (1966) 2, S. 53 bis 60.

[19]   Kaiser, H.: Umformende Bearbeitung in flexiblen Fertigungs-
       systemen. Berichte aus dem Institut für Umformtechnik,
       Universität Stuttgart, Nr. 44, Essen: Girardet 1977.

[20]   DIN 8580: Fertigungsverfahren. Hrsg. vom Deutschen Nor-
       mungsausschuß. Berlin, Köln: Beuth 1974.

[21]   Hormann, D.: Betrieb rechnergesteuerter Fertigungs-
        systeme. Dr.-Ing.-Diss., TH Aachen 1973.

[22]   Spur, G. u.a.: Die automatische Handhabung bei flexib-
        len Fertigungszellen. wt - Z. ind. Fertig. 65 (1975),
        S. 117 bis 123.

[23]   VDI-Richtlinie 3178: Kaltrundkneten massiver und rohr-
        förmiger Werkstücke. Hrsg. vom Verein Deutscher Ingeni-
        eure. Berlin, Köln: Beuth 1966.

[24]   Uhlig, A.: Untersuchung über die Bewegungen und Kräfte
        beim Rundkneten. Dr.-Ing.-Diss., TH Hannover 1964.

[25]   Gabor, D. u.a.: Das Ende der Verschwendung. Stuttgart:
        Deutsche Verlagsanstalt 1976.

[26]   Warum CNC-gesteuerte Abkantpressen? Ind.-Anz. 99 (1977)
        37, S. 661.

[27]   Leiseder, L.: Rationelles Rohrbiegen mit rechnergestütz-
        tem Rohrbiegesystem. Bänder Bleche Rohre (1977) 11,
        S. 488 bis 490.

[28]   Dannenmann, E.; Lange, K.: Bericht über eine Studienreise
        nach Japan vom 22. August bis 21. September 1974. Stutt-
        gart: Institut für Umformtechnik 1975.

[29]   Black, J. u.a.: Computer application in the free-forging
        industry. Metallurgia (1978) Jan., S. 4 bis 10.

[30]   Pahnke, H.-J.: Entwicklung neuer Freiform-Schmiedeanla-
        gen. Ind.-Anz. 92 (1970) 84, S. 2015 bis 2022.

[31]   Zimmermann, B.: Einsatz moderner Umformverfahren - Fein-
        schmieden. Fertigungstechnik und Betrieb 26 (1976) 10,
        S. 609 bis 610.

[32]   Gruhnert, D. u.a.: AUTOTECH - Feinschmieden für abge-
        setzte Schmiedestücke mit rundem Querschnitt. Fert. techn.
        u. Betrieb 25 (1975) 8, S. 468 bis 472.

[33]   Jortzik, B. u.a.: Rationalisierung der technologischen
        Fertigungsvorbereitung bei NC-Feinschmiedemaschinen. Um-
        formtechnik 11 (1977) 6, S. 15 bis 18.

[34]   Walter, M. u.a.: Anwendung der EDV zur Rationalisierung
        der technologischen Fertigungsvorbereitung beim Freiform-
        schmieden. Umformtechnik 7 (1973) 3, S. 1 bis 11.

[35]   Biswas, A. u.a.: Optimieren von Schmiedeanlagen. Ind.-Anz.
        98 (1976) 25, S. 419 bis 423.

[36]   Brill, K.: Modellwerkstoffe für die Massivumformung von
        Metallen. Dr.-Ing.-Diss., TH Hannover 1963.

[37]   Walter, M.: Formenordnung für Freiformschmiedestücke.
        Fert. techn. u. Betrieb 12 (1962) 11. S. 785 bis 787.

[38]   Butz, H.-W.: Kleinrechnerunterstütztes Erstellen von
        Fertigungsunterlagen. wt - Z. ind. Fertig. 67 (1977),
        S. 167 bis 170.

[39]   Struß, H.: Konzept der Steuerung der Radialumformmaschi-
        ne. Unveröffentlichter Bericht vom Juni 1978.

[40]   Lange, K.: Lehrbuch der Umformtechnik, Bd. 2, Massivum-
        formung. Berlin-Heidelberg-New York: Springer 1974.

[41]   Herold, G. u.a.: Massivumformung. Berlin: VEB-Verlag
        Technik 1974.

[42]   Begriffserklärungen Fertigungsplanung - Fertigungssteue-
        rung. ZWF 35 (1960) 9, S. 396 bis 401.

[43] Fricke, F.: Beitrag zur Automatisierung der Arbeitspla-
      nung unter besonderer Berücksichtigung der Fertigung von
      Drehwerkstücken. Dr.-Ing.-Diss., TU Berlin 1974.

[44] Tannenberg, F.: Automatische Ermittlung des Arbeitsab-
      laufs bei der maschinellen Programmierung numerisch ge-
      steuerter Drehmaschinen. Dr.-Ing.-Diss., TU Berlin 1970.

[45] Noack, P.: Rechnerunterstützte Arbeitsplanerstellung
      und Kostenberechnung beim Kaltmassivumformen von Stahl.
      Berichte aus dem Institut für Umformtechnik, Universität
      Stuttgart, Nr. 48, Essen: Girardet 1979.

[46] Metzger, P.: Erfassung und Verarbeitung technologischer
      Kenndaten von Umformverfahren mit Hilfe von Datensamm-
      lungen. Draht 29 (1978) 6, S. 294 bis 298.

[47] Graalmann, H.: Ein System zur automatischen Ermittlung
      von Arbeitsvorgangsfolgen auf der Basis einer analyti-
      schen Beschreibung des Bearbeitungsprozesses. Dr.-Ing.-
      Diss., TH Aachen 1975.

[48] Wiewelhove, W.: Automatische Detaillierung, Zeichnungs-
      und Arbeitsplanerstellung für Varianten. Dr.-Ing.-Diss.,
      TH Aachen 1976.

[49] Wassermann, O.: Entscheidungstabellen zur automatischen
      Erstellung von Fertigungsplänen mit EDV. Industrial
      Engineering 2 (1972) 4, S. 167 bis 180.

[50] Heil, H.-P.: Umformbedingungen und Gestaltung der Werk-
      zeuge beim Freiformen. Dr.-Ing.-Diss.,
      TH Aachen 1970.

[51] Moll, W.-P.: Rechnerunterstützte Vorgabezeitermittlung
      im Dialog mit Kleinrechner. TZ f. prakt. Metallbearb.
      70 (1976) 6, S. 204 bis 208.

[52] Lippmann, H.; Mahrenholtz, O.: Plastomechanik der Umformung metallischer Werkstoffe. Berlin-Heidelberg-New York: Springer 1967

[53] DIN 7527, Bl. 6: Bearbeitungszugaben und zulässige Abweichungen für freiformgeschmiedete Stäbe. Hrsg. vom Deutschen Normenausschuß. Berlin,Köln: Beuth 1975.

[54] DIN 1749, Bl. 3: Gesenkschmiedestücke aus Aluminium. Hrsg. vom Deutschen Normenausschuß. Berlin, Köln: Beuth 1974.

[55] Aßmann, R. : Einheitliche Bearbeitungszugaben für das Nachbehandeln von Gesenkschmiedestücken. Maschinenmarkt 83 (1977) 82, S. 1619 bis 1622.

[56] Leist, E. u.a.: Bearbeitungszugaben für axialsymmetrisch abgesetzte Schmiedestücke. Fert. techn. u. Betrieb 13. (1963) 11, S. 665 bis 668.

[57] Tittel, G.; Hoffmann, F.: Bearbeitungszugaben und Schmiedetoleranzen für Freiformschmiedestücke. Fert. techn. u. Betrieb 10 (1960) 4, S. 219 bis 222.

[58] Kopp, R., Tuke, K.-H.: Grundlagen und Verfahren der Hochumformung zur Erzeugung von Stabstahl. Stahl u. Eisen 97 (1977) 16, S. 761 bis 765.

[59] Baljasnyj, J. M.: Zur Wahl der optimalen Schmiedevariante eines wellenförmigen Schmiedestücks. Übersetzung aus: Kuznecno-stampovocnoe-proizvodstvo (1970) 5, S. 8 bis 13.

Verwendete Größen, Formelzeichen und Einheiten

a	mm	Seitenlänge eines Vielecks
A	mm²	Querschnittsfläche
b	mm	Breite
d	mm	Durchmesser
d_U	mm	Umkreisdurchmesser
F	kN	Kraft
h	mm	Hub; Werkstückhöhe; Höhe
l	mm	Länge
Δl	mm	Längung
l_B	mm	Bißbreite
l_E	mm	Länge der Ersatzformelemente
l_{Spann}	mm	Mindestspannlänge
n	-	Eckenzahl (Vieleck); Stufenzahl
r	mm	Radius; Inkreisradius
R	mm	Umkreisradius
s	mm/Hub	Vorschub
SW	mm	Schlüsselweite
V	mm³	Volumen
x,y,z	mm	kartesische Koordinaten
z	mm	Bearbeitungszugabe; Zustellung
α	°	Winkeldrehung; Drehwinkel
φ	-	Umformgrad $= \ln \dfrac{A_1}{A_0}$

Indizes

a	axial
i	ideal
Fertig	Fertigteil
ges	Gesamt-...
l	links
max	maximal
min	minimal
r	real; rechts
Roh	Rohteil-...

```
W            Werkzeug-...
0 (Null)     Ausgangs-...
1,2...       fortlaufende Größen
8            Achteck-...
16           Sechzehneck-...
□            Vierkant-...
O (Kreis)    Rund-...
```

Abkürzungen

BASIC, FORTRAN   höhere Programmiersprachen

CAD   Computer Aided Design (rechnerunterstützte
                 Konstruktion)

CAM   Computer Aided Manufacturing (rechnerunter-
                 stützte Fertigung)

CAP   Computer Aided Planning (rechnerunterstützte
                 Planung)

CNC   Computer Numerical Control (numerische
                 Steuerung mit programmierbarem Rechner)

PRORUM   Programmsystem Radialumformen

RADI   Bezeichnung der Einzelprogramme des Programm-
                 systems

RUMX-2000   Radialumformmaschine mit x-förmiger Anordnung
                 der Arbeitszylinder und insgesamt 2000 kN
                 Preßkraft

RUM-Teil   Radialumzuformendes bzw. -umgeformtes Teil

0   Einleitung

Im Bereich der industriellen Fertigung kann stets eine Zunahme
des Konkurrenzdruckes beobachtet werden. Die Möglichkeit, weiterhin wettbewerbsfähig zu bleiben, ist durch eine Steigerung
der Produktivität gegeben. Bei der heute vorherrschenden "konven-
tionellen" Technologie und Organisation können erhebliche Pro-
duktivitäts- und Wirtschaftlichkeitsverluste beim Maschinen-,
Menschen- und Materialeinsatz entstehen. Selbst bei modernen
Fertigungsmitteln findet in der Einzel- und Serienfertigung nur
während 6 % ihrer Bereitschaftszeit eine effektive Nutzung statt.
Bei der Betrachtung der Materialdurchlaufzeit stellte [1] fest,
daß nur während 5 % dieser Zeit ein Fertigungsfortschritt am
Werkstück beobachtet wird. Das Bedienungspersonal kommt im Laufe der Fertigung nur in Zeitanteilen von 40 % bis 70 % zum Einsatz (Bild 1).

Maßnahmen zur Produktivitätssteigerung müssen also im wesent-
lichen aus der Verbesserung der effektiven Nutzung von Mensch,
Maschine und Material bestehen. Für den Menschen soll nach [2]
die Freisetzung und weitgehende Unabhängigkeit vom direkten
Arbeitsablauf möglich werden. Ganz allgemein lassen sich diese
Maßnahmen mit den Begriffen "Automatisierung und Rationalisie-
rung" des Fertigungsablaufs selbst sowie aller dazugehörigen
Funktionen bezeichnen.

In der Großserien- und Massenfertigung, wo schon geringe Stück-
kostenunterschiede die Gesamtproduktionskosten maßgeblich be-
einflussen, haben sich bekanntlich automatisierte Fertigungslinien bewährt. Bei dieser Fertigungsart besteht bei hohem Ka-
pitaleinsatz eine Spezialisierung auf ein ganz bestimmtes Werkstück, und ein Umrüsten auf ein anderes Teil ist mit erheb-
lichem Arbeitsaufwand verbunden. Aber auch für den Bereich
der Klein- und Mittelserie sind Wege zu finden, die Fertigung einer bestimmten Produktpalette, eines Teilespektrums, mit möglichst geringem Aufwand zu gestalten, wobei natürlich die geforderten Eigenschaften hinsichtlich Geometrie,
Werkstoff- und Oberflächenbeschaffenheit zu gewährleisten sind.

Die Verlagerung der industriellen Fertigung von mechanisier-
ten Fertigungssystemen auf automatisierte Fertigungssysteme
bringt zwangsweise eine Ausweitung der Planungstätigkeit mit
sich. Die Verantwortung für das Produkt geht zum großen Teil
von der Fertigung zur Fertigungsvorbereitung über. Die hier
zu treffenden umfangreichen Entscheidungen lassen sich optimal
nur mit Hilfe elektronischer Datenverarbeitungsanlagen erledigen. Man spricht in diesem Zusammenhang von rechnerunterstütz-
ter Konstruktion, Planung und Fertigung [3]:

$$
\left.\begin{matrix} \text{CAD} \\ \text{CAP} \\ \text{CAM} \end{matrix}\right\} \quad \text{Computer-Aided-} \quad \left\{\begin{matrix} \text{Design} \\ \text{Planning} \\ \text{Manufacturing} \end{matrix}\right.
$$

Die Entwicklung der Automatisierung der Klein- und Mittelserie
verläuft von der einzelnen numerisch gesteuerten Werkzeugmaschine über anpassungsfähige flexible Bearbeitungseinheiten
bis zum sog. flexiblen Fertigungssystem, einem System von Fertigungseinrichtungen, die durch ein gemeinsames Steuer- und
Transportsystem so miteinander verknüpft sind, daß einerseits
eine automatische Fertigung stattfinden kann, andererseits
innerhalb eines gewissen Bereichs unterschiedliche Bearbeitungsaufgaben an unterschiedlichen Werkstücken durchgeführt werden
können [4]. In diesem Zusammenhang soll der Begriff "flexibel"
so verstanden werden, daß die Anpassung an die Fertigungsaufgabe automatisch, also ohne (wesentlichen) Eingriff des Menschen
erfolgen soll.

Im Bereich der spanenden Fertigung sind auf dem Gebiet der
flexiblen Bearbeitungseinheiten und der flexiblen Fertigungssysteme große Fortschritte erzielt worden. Sowohl die theore-
tische als auch die praktische Seite dieser Fertigungseinrichtungen wurde und wird eingehend untersucht. Die Problematik
dieser Fertigungssysteme ist in [5 bis 15] eingehend dargestellt
und soll hier nicht weiter vertieft werden. Bei all diesen
Überlegungen standen in der Vergangenheit die Umformverfahren
völlig abseits. Die Vorteile dieser Verfahren wie kurze Stück-
zeiten bei gleichzeitig guter Maßgenauigkeit und Oberflächenqualität, Werkstoffersparnis gegenüber spanenden Verfahren und

günstige mechanische Eigenschaften des umgeformten Teils [16,
17] konnten bisher nur für die automatisierte, nicht flexible
Großserienfertigung - hier allerdings sehr intensiv - genutzt werden [18]. Von KAISER [19] wurden erstmals die Möglichkeiten der
Umformverfahren analysiert und Wege aufgezeigt, um die oben aufgeführten Vorteile dieser Verfahren für die Klein- und Mittelserie innerhalb eines flexiblen Fertigungssystems nutzen zu können.

Ausgehend vom Prinzip der radialen Krafteinleitung in die längsachsenbetonten Werkstücke beim Rundkneten, wurde das Verfahren
<u>Radialumformen</u> entwickelt und die dazu notwendige Maschine un-
ter Beteiligung des Verfassers konzipiert und konstruiert.
Technologie und Aufbau dieser Radialumformmaschine RUMX-2000·
werden in Kap. 2 ausführlich erläutert.

Um dieses Verfahren in eine flexible Fertigung einbeziehen zu
können, ist ein umfangreiches Programmsystem zu erarbeiten,
mit dessen Hilfe die Technologie des Verfahrens optimal und
automatisch zur Anwendung gebracht und entsprechende Maschinenparameter bestimmt werden können. Zusätzlich dazu sind die Bedingungen und Anforderungen an ein solches flexibles Fertigungssystem zu erarbeiten.

1   Entwicklung flexibler umformender Bearbeitungseinheiten

1.1   Allgemeine Möglichkeiten des Einsatzes von Umformververfahren in flexiblen Fertigungssystemen

Ausgehend von den in einem Fertigungssystem vorkommenden Fertigungsverfahren kann in Anlehnung an [19] eine erste Unterteilung in "reine" und "gemischte" Fertigungssysteme vorgenommen werden. Bei einem sogenannten "reinen" System kommen Fertigungsverfahren vor, die nur einer der Hauptgruppen nach DIN 8580 [20] angehören. Es kann sich also z. B. um ein System aus nur ("rein") umformenden oder aus nur ("rein") trennenden Verfahren bzw. Maschinen handeln. Wenn nun Verfahren aus mehr als einer der Hauptgruppen nach DIN 8580 angewendet werden, so wird das nach [19] als sogenanntes "gemischtes" Fertigungssystem bezeichnet. Mit Hilfe dieser Einteilung sollen im folgenden die grundsätzlichen Möglichkeiten des Einsatzes der Radialumformmaschine – entweder als "reines" flexibles Fertigungssystem ("Umformsystem") oder innerhalb eines "gemischten" flexiblen Fertigungssystems – verdeutlicht werden.

Bei der Auslegung flexibler Fertigungssysteme müssen Gesichtspunkte der Verkettung der einzelnen Stationen und deren Bearbeitungsfunktionen berücksichtigt werden. Man unterscheidet nach [21] die in Bild 2 dargestellten Systeme:

- sich ersetzende Bearbeitungsstationen,
- sich ergänzende Bearbeitungsstationen,
- sich ersetzende und ergänzende Bearbeitungsstationen.

Ohne weiter auf diese allgemeinen Einteilungen einzugehen – dies kann an den entsprechenden Stellen nachgelesen werden – soll die als realisierbar geltende Integrationsmöglichkeit der flexiblen Bearbeitungseinheit "Radialumformmaschine" in ein System mit sich ergänzenden bzw. sich ergänzenden und ersetzende Bearbeitungsstationen hervorgehoben werden. Im Abschnitt 2.2 wird darauf noch ausführlicher eingegangen.

Prinzipiell lassen sich drei Möglichkeiten des Einsatzes von

Umformverfahren in numerisch gesteuerten Fertigungssystemen
unterscheiden (Bild 3):

- Das Umformverfahren tritt nur innerhalb einer numerisch
  gesteuerten, spanenden Bearbeitungseinheit auf. Es besitzt in diesem gemischten Fertigungssystem keine eigen-
  ständige Maschine, sondern ist durch entsprechende Werkzeugsätze, die sich im Werkzeugspeicher befinden und
  zum richtigen Zeitpunkt eingewechselt werden, vertreten.
  Als Beispiel hierfür können die Verfahren Gewindefurchen,
  Gewindewalzen und Oberflächenfeinwalzen angesehen werden
  [19].

- Das Umformverfahren kommt innerhalb einer eigenständigen
  flexiblen Bearbeitungseinheit ohne Verkettung mit anderen,
  weiterbearbeitenden Maschinen zur Anwendung. Diese Anlage kann zur flexiblen Fertigung von Fertigteilen oder
  Vorformen im Rahmen ihrer umformtechnischen Möglichkeiten
  herangezogen werden.

- Wenn nun die zuletzte erwähnte umformende Bearbeitungseinheit mit Hilfe eines Verkettungssystems mit spanenden
  und/oder umformenden Bearbeitungseinheiten verbunden ist,
  so kann von einem gemischten flexiblen Fertigungssystem
  gesprochen werden. Es können jeweils mehrere dieser Bearbeitungsstationen auftreten, wobei sowohl für jede Maschine einzeln als auch für alle insgesamt die Kriterien
  der Flexibilität [5] zu gelten haben.

Die zweite Gruppe nach der oben aufgeführten Unterscheidung
soll in dieser Arbeit im Mittelpunkt stehen. Sie wird genauer
als einstufiges Einmaschinen-Umformsystem bezeichnet, wobei von
einer Bearbeitung ohne Werkzeugwechsel ausgegangen wird. Die Bearbeitung selbst kann mehrstufig genannt werden, weil der Um-
formvorgang in mehreren Stufen von der Ausgangsform zur Endform
erfolgt.

An anderer Stelle [22] wird in diesem Zusammenhang von flexiblen Fertigungszellen gesprochen. Dies sind technologisch

autarke Produktionsmittel mit hohem Automatisierungsgrad, die
auch für eine Verkettung zu höher geordneten Produktionssyste-
men geeignet sind und nachträglich zu solchen zusammengeschlos-
sen werden können.

1.2 Anforderungen an Maschinen und Einrichtungen

Die notwendigen Anforderungen an Maschinen und Einrichtungen
hinsichtlich der Einbeziehung in eine flexible Fertigung lassen sich am zweckmäßigsten im Rahmen einer Systemanalyse erarbeiten, wobei eine Unterteilung nach den Aufgaben während
der Bearbeitung vorgenommen wurde.

Im Mittelpunkt des Fertigungssystems muß das Bearbeitungssystem
stehen, in welchem dem Ausgangswerkstück bzw. Rohteil die in
der Fertigteilzeichnung enthaltenen Informationen aufgeprägt
werden. Die notwendigen Transport-, Lager- und Wechselvorgänge
sowohl von Werkstücken als auch von Werkzeugen übernimmt das
Transport- und Lagersystem. Ein Prüf- und Überwachungssystem
ist zur Einhaltung der Qualität der Werkstücke und zur Überwachung der Anlage notwendig. Das wichtigste Untersystem eines
automatisierten Fertigungssystems ist das Steuersystem. In
ihm werden nicht nur alle notwendigen Informationen transfor-
miert und verteilt, sondern auch die Koordinierung aller Ein-
zelsysteme vorgenommen.

In [5] wurden vier Bedingungen genannt, mit denen sich die
Eignung für eine flexible Gesamtfertigung bestimmen läßt:

- Integrale Qualität,
- Anpassungsfähigkeit,
- Angepaßtheit,
- Dynamische Konzeption.

Da die Blickrichtung in dieser Arbeit mehr auf die flexible
Bearbeitungseinheit - eine Einzelmaschine, die als ein in sich
geschlossenes flexibles Fertigungssystem angelegt ist - ge-
richtet ist, kommt hauptsächlich das Kriterium der Anpassungsfähigkeit zum Tragen. Eine kurz gefaßte Erläuterung

der weiteren Kriterien, die im wesentlichen auf ein flexibles Mehrmaschinensystem ausgerichtet sind, ist in Bild 4 zu finden.

Unter Anpassungsfähigkeit sind die notwendigen Eigenschaften von Fertigungsmitteln zu sehen, die es ermöglichen, im Rahmen einer flexiblen Fertigung unterschiedliche Aufgaben an verschiedenartigen Werkstücken zu bewältigen. Die einzelnen Bearbeitungsfunktionen müssen sich ebenso wie die Handhabungs- oder Steuersysteme an die jeweilige Fertigungsaufgabe selbsttätig anpassen können. Es muß also nicht nur die Durchführung der Bearbeitung automatisch erfolgen, sondern auch die Festlegung des Arbeitsablaufs, wobei hier bei möglicher Anwendung verschiedener Arbeitsabläufe der "optimale" ausgewählt wird. Die grundlegenden Voraussetzungen sind also einmal die rein technische Automatisierbarkeit der einzelnen Funktionssysteme durch steuerbare Antriebe, in der Gesamtheit koordiniert von einem Steuersystem und einem umfassenden Programmsystem, mit dessen Hilfe durch bestimmte Algorithmen alle Entscheidungen, Berechnungen, Optimierungen und Einstellungen nach der Eingabe der Werkstückdaten bis zum fertigen Werkstück hin vorgenommen werden. Die Abarbeitung der soeben genannten Aufgaben eines Programmsystemes und die Steuerung einer Vielzahl von Funktionen läßt sich nur mit Hilfe eines Prozeßrechners erfolgreich bewerkstelligen.

In den folgenden Kapiteln soll gezeigt werden, wie diese Gesichtspunkte bei der flexiblen Bearbeitungseinheit "Radialumformmaschine" berücksichtigt wurden.

1.3 Anforderungen an Umformverfahren

Wie in [19] ausführlich dargestellt wird, kann unter Berücksichtigung des im vorhergehenden Abschnitt geprägten Begriffs der Anpassungsfähigkeit an unterschiedliche Fertigungsaufgaben eine Auswahl geeigneter Verfahren getroffen werden.

Die ungebundenen Umformverfahren werden als die geeigneteren

angesehen, da hier die Form durch gesteuerte Relativbewegung
zwischen Werkzeug und Werkstück entsteht, also durch Änderung
der Steuerdaten auch geänderte Geometrien zu erzeugen sind,
während gebundene Umformverfahren wenig geeignet sind, da für
jede Werkstückform ein eigenes Werkzeug bereitgestellt werden
muß und Flexiblität nur durch technisch aufwendigeren Werkzeugwechsel erreichbar ist. Zu den gebundenen Umformverfahren gehören u.a. Gesenkschmieden, Profilwalzen und Fließpressen; zu
den ungebundenen die Flachwalzverfahren und das Freiformschmieden. Weitere Verfahren, die sich in diese Unterteilung einordnen lassen sind in [19] aufgeführt.

Das zur Gruppe der Freiformverfahren gehörende Rundkneten
(Feinschmieden) [23, 24] zeigt alle Merkmale eines in einer
flexiblen Anlage anwendbaren Verfahrens: Die längsachsenbetonten Werkstücke mit den in der Regel kreisrunden, aber in
der Größe veränderlichen Querschnitten entstehen durch ein Zusammenwirken der eigentlichen radialen Krafteinleitung durch
drei oder mehrere Werkzeuge mit einer Zustellbewegung der
Werkzeuge, einem Längsvorschub des Werkstücks und einer Drehbewegung. Durch entsprechende Koordination dieser Bewegungen
läßt sich jede beliebige Kontur erzeugen (Bild 5). Daneben
lassen sich auch Innenformen und nicht-rotationssymmetrische
Außenformen wie Schraubprofile herstellen.

Dieses Verfahren beinhaltet dann eine gewisse Flexibilität,
wenn versucht wird, die Werkstückkontur nur durch entsprechende Steuerung der Einzelbewegungen mit Universalwerkzeugen mit
ebener Wirkfläche zu erreichen. Diese Werkstücke müssen als
Vorformen für eine nachfolgende spanende Bearbeitung (z. B.
Drehen) gelten, da sich Schrägen oder Kurven in der Längskon-
tur werkzeugbedingt nur gestuft herstellen lassen. Die Erzeugung von Endformen bei Werkstücken mit erhöhten Anforderungen
an die Oberflächenstruktur wird nur über einen Arbeitsgang mit
Formwerkzeugen möglich sein. In diesem Fall ist aber die Flexibilität des Verfahrens in Frage gestellt.

Ein wichtiger Vorteil der so hergestellten Vorformen für eine nachfolgende spanende Bearbeitung ist die beträchtliche Werkstoffersparnis gegenüber einem spanenden Herausarbeiten des Fertigteils aus einem zylindrischen Rohteil. Da diese mit Zugaben versehene Vorform der Gestalt des Fertigteils sehr nahekommt, werden erhöhte Werkstoffabfälle vermieden, was unter dem Gesichtspunkt der Rohstoffknappheit als äußerst wichtig angesehen wird [25].

Soll nun ein flexibler Einsatz dieses Verfahrens möglich werden, so müssen grundsätzlich die oben erwähnten Einzelbewegungen numerisch steuerbar sein. Außerdem muß im Rahmen eines Programmsystems die gesamte Informationsverarbeitung bis hin zur optimalen Auswahl des Arbeitsablaufs und der Bestimmung sämtlicher Steuerparameter möglich sein. Diese Anforderungen wird die am Institut für Umformtechnik der Universität Stuttgart entwickelte Radialumformmaschine RUMX-2000 erfüllen. Die damit mögliche Ausweitung des herkömmlichen Rundknetteilespektrums auf vieleckige Querschnitte läßt die neue Bezeichnung "Radialumformen" als sinnvoll erscheinen.

1.4   Ausgeführte industrielle Beispiele

Im folgenden Abschnitt soll kurz an charakteristischen Beispielen dargestellt werden, in welchem Umfang für Umformverfahren in der industriellen Fertigung schon flexible Konzeptionen verwirklicht wurden.

In diesem Zusammenhang lassen sich zwei Hauptgruppen unterscheiden. Die erste Gruppe umfaßt Bearbeitungen mit Umformverfahren, die losgelöst von einer spanenden Nachbearbeitung eingesetzt werden können. Die Werkstücke können nach der Bearbeitung als Fertigteile angesehen werden. So gibt es CNC-gesteuerte Gesenkbiegepressen, die mit Hilfe einer frei programmierbaren Steuerung ein automatisches Abarbeiten eines Fertigungsprogramms erlauben [26]. Ähnliche Verhältnisse sind bei NC-Rohrbiegeautomaten gegeben. Durch ein Zusammenwirken von Messen, Biegen und Nachkontrollieren ergibt sich eine hohe Zeitersparnis beim Ermitteln der Fertigungsdaten bei gleichzeitiger Einhaltung enger Toleranzen [27].

Diese Anlagen besitzen keine integrierten Handhabungseinrichtungen für Werkstücke oder Werkzeuge, die den Automatisierungsgrad erhöhen würden. Eine selbsttätige und optimale Anpassung
an die jeweilige Fertigungsaufgabe ist nicht gegeben. Die Bearbeitung erfolgt innerhalb des eingegebenen Ablaufprogrammes.

Als flexibles Umformsystem kann ein in [28] erwähntes Kaltbreit-
band-Walzwerk bezeichnet werden. Der vollautomatische, rech-
nergesteuerte Betrieb ermöglicht ausgehend von einer Reihe von
Eingangsdaten die Fertigung verschiedener Blechdicken, Blech-
breiten und Blechqualitäten. Die Anpassung der Funktionsträger
an die Fertigungsaufgabe sowie die Optimierung der Stichfolge
und die Steuerung der zusätzlichen Handhabungseinrichtungen
übernimmt die zentrale Rechenanlage. Bei diesem System sind
alle Voraussetzungen gegeben, die eine flexible Fertigung aus-
machen.

Die zweite Gruppe umfaßt Umformverfahren, die in Verbindung
mit spanender Bearbeitung stehen müssen. Hierzu soll das numerisch gesteuerte Freiformschmieden erwähnt werden, bei dem
die Zusammenarbeit zwischen Presse und Manipulator program-
miert wird [29, 30]. Auch das schon erwähnte Verfahren Rundkneten kommt numerisch gesteuert zum Einsatz [31].

Bei diesen Anlagen ist die Fertigung nach dem umformenden Teil
der Bearbeitung unterbrochen, es gibt kein Gesamtsteuersystem
mit dessen Hilfe ein nachfolgendes Spanen miterfaßt wird.
Flexibilität ist jeweils nur innerhalb der Umformmaschine vorhanden, wobei auch hier kein selbsttätiges Anpassen an die Fertigungsaufgabe erfolgt; es wird ein festes Programm abgearbeitet. Erst in jüngster Zeit werden die ersten Versuche unternommen, auch die Bestimmung des Bearbeitungsablaufs mit Hilfe
eines Rechners zu erledigen. So gibt es für die Verfahren
Feinschmieden und Freiformschmieden Anlagen, bei denen im Rahmen von Programmen optimierte Schmiedeabläufe ausgewählt werden mit dem Ziel der Minimierung der Schmiedezeiten [32 bis 35].
Diese Systeme besitzen alle einen begrenzten Anwendungsbereich
und sind noch zu sehr auf einen Mensch-Maschine-Dialog ange-

wiesen. Wichtige Bereiche der Fertigungsvorbereitung wie z. B.
die Rohteilbestimmung werden nicht miterfaßt.

1.5   Folgerungen hinsichtlich der Entwicklung flexibler
          Umformanlagen

Unter der Berücksichtigung eines wichtigen Merkmals für hohe
Flexibilität, der automatischen Anpassung an die Fertigungsaufgabe, können die bisher auf dem Markt befindlichen Umformanla-
gen als nur begrenzt in flexiblen Gesamtsystemen einsetzbar angesehen werden. Zwar haben sich numerische Steuerungen bei
verschiedenen Verfahren durchgesetzt, auch kommen verstärkt
automatisierte Handhabungseinrichtungen für Werkstücke und
Werkzeuge zum Einsatz, der wichtige Bereich der automatischen
Arbeitsplanung aber wurde nur in Anfängen untersucht. Ein
solches System muß die Bereiche Rohteilauswahl, Arbeitsablaufbestimmung und -optimierung und Steuerdatenbestimmung enthalten, um eine automatische und flexible Fertigung zu ermöglichen.

Die Anforderungen an Verfahren und Anlagen der Umformtechnik hinsichtlich ihres Einsatzes als flexible Bearbeitungseinheiten bzw. integriert in einem flexiblen Gesamtfertigungs-
system lassen sich demnach wie folgt zusammenfassen.

Verfahren: - ungebunden;
               - kinematische Gestalterzeugung;
               - ersetzt spanendes Verfahren.

Maschine und Einrichtungen:

               - technische Automatisierbarkeit der Funktionen;
               - anpassungsfähig an Bearbeitungsaufgabe;
               - automatische Handhabungsfunktionen;
               - numerische Steuerbarkeit;
               - leistungsfähiger Rechner.

Programmsystem:

               - Rohteilauswahl;
               - Arbeitsablaufbestimmung,

- Optimierung;
- Steuerdatenbestimmung;
- Koordination mit übergeordnetem Fertigungssystem.

Die Gesamtheit dieser Kriterien wird von der Radialumformmaschine RUMX-2000 erfüllt. Sie stellt also ein erstes Beispiel
für eine automatische und flexible umformende Bearbeitungseinheit dar.

2.1   Beschreibung der Anlage

2.1.1   Allgemeines

Wie im vorhergehenden Kapitel erläutert wurde, sind an Maschinen und Einrichtungen sowie die Umformverfahren selbst besondere Anforderungen zu stellen, um eine flexible Fertigung entweder in einer begrenzten flexiblen Bearbeitungseinheit oder integriert in ein übergreifendes gemischtes Fertigungssystem zu ermöglichen. Das Umformverfahren Rundkneten wurde als geeignet angesehen, den Kriterien der Anpassungsfähigkeit zu genügen. Es hat sich jedoch gezeigt, daß die auf dem Markt befindlichen Maschinen nicht die Steuerungsmöglichkeiten bieten, die zur Erzielung einer hohen Flexibilität notwendig sind. Aus diesem Grund wurde ausgehend von der Technologie des Rundknetens die neue Konzeption des Radialumformens entwickelt. Dieses Prinzip der radialen Krafteinleitung in die längsachsenbetonten Werkstücke wurde in der Radialumformmaschine verwirklicht. Neu ist dabei auch die Möglichkeit der Verarbeitung achsparallel abgesetzter Werkstückabschnitte, wodurch sich erschwerte konstruktive und steuerungstechnische Anforderungen ergaben. Unter dem Gesichtspunkt des Modellcharakters der Anlage sollen Werkstoffe wie Blei und Aluminium kalt bearbeitet werden [36].

Einige wichtige Maschinendaten sollen die Arbeitsmöglichkeiten der Anlage verdeutlichen:

- Stößelnennkraft	500 kN
- Stößelgeschwindigkeit unter Last	50 mm/s
- Stößelhub h	50 mm
- Hubzahl bei h_{max}	60 min^{-1}
- Hublagenverstellbereich	135 mm
- Hublagenverstellgeschwindigkeit	20 mm/s
- max. Vorschubweg	1000 mm
- Vorschubgeschwindigkeit	500 mm/s
- Querverstellweg	100 mm
- Spannzangendrehgeschwindigkeit	90°/s
- max. Rohteilabmessungen	150 mm x 150 mm

2.1.2 Teilespektrum

Vorgesehen sind Werkstücke mit ausgeprägter Längsachse,
wobei wechselnde Querschnittsgrößen und -formen, auch auf achsparallel versetzten Elementen auftreten können (Bild 6). Bei
den Werkstücken mit gerader Achse handelt es sich um Achsen,
Wellen, Spindeln oder schaft- und ritzelförmige Teile. Die
Gruppe der Werkstücke mit achsparallel abgesetzten Abschnitten
umfaßt kurbelwellenartige Teile bzw. Teile mit exzentrischen
Abschnitten. Entsprechend einer in [37] aufgeführten Formenordnung für Freiformschmiedestücke handelt es sich um Werkstücke
der langen Form mit folgenden Durchmesser- Länge-Verhältnissen:

$$1 > 1,5 \cdot d \quad bzw. \quad 1 > 1,5 \cdot b$$

mit   1:   Länge des Teils,
      d: größter Durchmesser,
      b: größtes Querschnittsmaß (Breite).

Ausgehend von den technischen Gegebenheiten der Maschine - dem
Arbeitsraum - ist eine größte Länge von 1 = 1000 mm möglich,
der Maximaldurchmesser beträgt d = 150 mm.

Die im Rahmen dieser Arbeit zu behandelnde Hauptgruppe der Werkstücke mit gerader Längsachse läßt sich für weitergehende Betrachtungen entsprechend ihres Querschnittverlaufs unterteilen in
(Bild 7):

- einseitig abnehmende Querschnitte,
- beidseitig abnehmende Querschnitte,
- beidseitig zunehmende Querschnitte,
- mehrfach ab- und zunehmende Querschnitte.

Eine in [38] aufgeführte Analyse einer großen Anzahl von Wellen läßt erkennen, daß 95 % der vorkommenden Hauptformelemente Zylinder sind, ca. 3 % Kegel und der Rest sich auf Vierkante,
Sechskante usw. verteilt. Als Hauptformelement einer Welle soll
ein nicht mehr unterteilbarer, geometriebildender Abschnitt
verstanden werden. Dazu kommen noch die verschiedenen Nebenformelemente, die teilweise in Verbindung zu den Hauptformelementen auftreten, wie Fasen, Freistiche, Nuten oder Gewinde. Diese Elemente können auf der Radialumformmaschine nicht erzeugt

werden und finden deshalb in der weiteren Untersuchung keine
Berücksichtigung. Auf der Grundlage der soeben erwähnten Hauptformelemente sollen hier sog. Formelemente Verwendung finden.
Die Merkmale der zugelassenen und der Technologie des Verfahrens entsprechenden Formelemente sind in Bild 8 dargestellt.

Als Querschnitte können Kreise und Vielecke mit einer durch
vier teilbaren Eckenzahl (Bearbeitung mit vier Werkzeugen,
siehe 2.1.3) auftreten, wobei eine konstante oder sich stetig
ändernde Querschnittsgröße zugelassen ist. Grundsätzlich dürfen während der Bearbeitung nur Querschnitte entstehen, die
zwei aufeinander senkrecht stehende Symmetrieachsen besitzen.
Bei anderen Formen treten bei der Krafteinleitung unerwünschte
Torsionsmomente auf.

Eine gewisse Besonderheit stellen Werkstücke dar, bei denen
mehrere Formelemente mit vieleckigem Querschnitt auftreten, die
jeweils gegeneinander verdreht sein können. Auch diese Werkstücke sind Bestandteil des zugelassenen Teilespektrums.

Mit diesen Formelementen lassen sich unter Berücksichtigung
der Vernachlässigung der Nebenformelemente durch beliebiges
Kombinieren nahezu alle in der Industrie vorkommenden Werkstücke der oben beschriebenen Art darstellen. Beispiele hierfür sind in Bild 9 aufgeführt. Die Einteilung eines Werkstücks
in Formelemente und die gleichzeitige Vernachlässigung von
Fasen, Nuten oder Gewinden zeigt Bild 10.

Wie schon erwähnt wurde, wird es sich bei den radialumgeformten Werkstücken hauptsächlich um Vorformen für eine nachfolgende spanende Bearbeitung (Drehen, Fräsen, Bohren) handeln, es
sind demzufolge die entsprechenden Spanzugaben zu berücksichtigen.

In einer späteren Ausbaustufe sollen neben den Außenformen auch
Innenformen entsprechend den Möglichkeiten des Rundknetens
[24] mit Hilfe von Dornen gefertigt werden.

2.1.3   Konstruktion

Kinematik

Die Radialumformmaschine enthält sämtliche zur automatischen
Fertigung der Werkstücke nötige Funktionssysteme wie Antriebs-
system, Bearbeitungssystem, Handhabungssystem oder Steuersystem. So muß z. B. das Bearbeitungssystem Funktionselemente
enthalten, mit deren Hilfe alle zur Bearbeitung notwendigen
"Verrichtungen" möglich sind. Dazu gehören die Krafteinleitung,
verschiedene Bewegungen oder als Hilfsfunktion das Spannen
des Werkstücks. Eine zentrale Bedeutung für eine erfolgreiche
Fertigung haben die zeitlich zu koordinierenden Einzelbewegungen. Zur Erzeugung der jeweiligen Formelementekombination
ist also von der Maschine eine bestimmte Kinematik bereitzustel-
len. In diesem Zusammenhang kann der Vergleich zum Rundkneten
herangezogen werden: Es werden auch hier vier Hauptbewegungen
unterschieden. Der Arbeitshub der Werkzeuge, der zur Umformung
von Werkstückabschnitten führt, die Zustellbewegung der Werkzeuge, mit deren Hilfe sich ändernde Querschnittsgrößen ergeben, die Drehbewegung des Werkstücks, damit der gesamte Umfang bearbeitet wird und die Vorschubbewegung, die die jeweilige Werkzeugeingriffstelle in axialer Richtung verschiebt
(Bild 11).

Funktionsträger

Bei der Radialumformmaschine werden diese Bewegungen von folgenden Hauptfunktionsträgern übernommen:

- Zentraleinheit mit vier hydraulisch angetriebenen
  Werkzeugen und mechanischen Hublagerverstellungen;

- Manipulator mit Spannvorrichtung.

Die vier Werkzeuge bewirken die radiale Krafteinleitung in
das Werkstück, den Arbeitshub. Es soll jeweils der volle Hub
ausgenutzt werden, man arbeitet also gegen einen festen Anschlag, was aus Gründen der Genauigkeit vorzuziehen ist. Die
notwendige Durchmesserveränderung am Werkstück erfolgt durch
(in Kraftwirkungsrichtung) axiales Verschieben der Zylinder,
d. h. Hublagenverstellung.

Der Manipulator spannt das Werkstück, er positioniert es
axial und arretiert es an der betreffenden Werkzeugwirkstelle,
der Vorschub. Es muß gewährleistet sein, daß sich das Werkstück
immer zentrisch zu den Werkzeugen befindet. Die Achse des
Werkstücks muß horizontal verlaufen und durch den Schnittpunkt
der Werkzeugwirkungslinien führen.

Die Drehung des Werkstücks durch den Manipulator soll die Umformung auf dem gesamten Umfang ermöglichen. Vorschub und
Drehung erfolgen lastfrei außerhalb der Werkzeugeingriffszeit,
um Torsion des Werkstücks oder Überbelastung der Spannvorrichtung zu vermeiden.

Zur Bearbeitung achsparallel versetzter Werkstückabschnitte kann
die Spannvorrichtung in eine exzentrische Position gebracht
werden, so daß die Stelle der Umformung bei diesen Werkstücken
wieder zentrisch zu den Werkzeugen steht.

Während des Umformvorgangs entsteht aufgrund der Volumenkonstanz bei der Durchmesserverkleinerung eine Längung des Werkstücks
in axialer Richtung. Ein Längungsausgleich im Manipulator ver-
hindert ein Knicken oder Anstauchen des Werkstücks.

Bauelemente:

Die maschinenbautechnische Verwirklichung der verschiedenen
Funktionen und die Forderung nach deren numerischer Steuerbar-
keit bilden die Grundlage der Konstruktion der Radialumformmaschine. Dabei ergab sich aus dem Kraftbedarf der Anlage für
die Modellwerkstoffe einerseits und aus der zur Verfügung
stehenden Anschlußleistung andererseits ihre kräftemäßige
Auslegung.

Es soll in dieser Arbeit keine ausführliche Beschreibung der
Konstruktion erfolgen, sondern es wird nur auf einige wichtige
Bauelemente soweit eingegangen, wie zum Verständnis der Technologie und dem Zusammenwirken der Funktionsträger notwendig
ist.

Zentraleinheit:

Vier x-förmig in einer Ebene liegende, jeweils um 90°
versetzt angeordnete Hydraulikzylinder bewirken über Stößel
und Werkzeuge die Krafteinleitung in das Werkstück. Die Synchronisation dieser Funktionen, alle vier Werkzeuge gleichzeitig oder jeweils zwei paarweise wirkend, wird durch eine entsprechende Servohydraulik mit hoher Genauigkeit vorgenommen.
Bei jedem Zylinder wird auf mechanischem Weg über Spindel (am
Zylinder befestigt) - Schneckenrad - Schnecke und Servomotor
durch Verschieben des gesamten Zylinders die Hublage verändert,
diese Funktion kann als Zustellung bezeichnet werden.

Diese Bauelemente befinden sich in den Zentraleinheit, einer
Schweißkonstruktion, die aus gehäuseförmigen, versteiften Abschnitten auf einer Trägerplatte besteht.

Manipulator:

Die Werkstücke werden durch ein hydraulisches Zweibackenfutter
gespannt, welches - integriert in das Manipulatorgehäuse - mit
Hilfe eines Hydraulikzylinders axial auf dem Gestell bewegt
werden kann. Die Drehung der Spannvorrichtung und damit des
Werkstücks erfolgt über Schneckenrad und Schnecke durch einen
Gleichstromservomotor. Zur Bearbeitung achsparallel abgesetzter
Abschnitte werden die Spannbacken gemeinsam von einem Schritt-
motor in eine exzentrische Position gebracht.

Das Bild 12 zeigt eine Gesamtdarstellung der Anlage.

2.1.4   Werkzeuge

Unter dem Gesichtspunkt des anzustrebenden hohem Flexibilitäts-
grades der Maschine sollen die Werkstücke grundsätzlich ohne
Formbindung zwischen Werkzeug und Werkstück und ohne Werkzeugwechsel gefertigt werden. Es sollen Werkzeuge mit ebener
Wirkfläche entsprechend den Flachsätteln beim Schmieden Verwendung finden (Bild 13).

Die Erzeugung von kegeligen Übergängen sowie die Herstellung
kreisrunder Querschnitte muß notwendigerweise zu Kompromissen
hinsichtlich der Oberflächenausbildung führen: Die Kontur
eines kegeligen Werkstückabschnitts wird sich als Treppenzug
darstellen, ein Kreis als Querschnitt wird zum Vieleck
(Bild 14). Diese Problematik hängt wesentlich auch davon ab,
welche Struktur das Fertigungssystem hat, in dem die Radialumformmaschine integriert wird. So wird bei der Fertigung von
Vorformen für die nachfolgende spanende Bearbeitung auf die
höhere Bearbeitungsgeschwindigkeit zu Lasten der Oberflächenqualität mehr Wert gelegt, als bei der Fertigung von Fein-
schmiedeteilen, wo entsprechend kleine Vorschübe und Zustellungen zu größeren Bearbeitungszeiten führen, aber "bessere"
Oberflächen ergeben. Die Erzeugung von Endformen bei Werkstücken mit höheren Anforderungen an die Oberflächenausbildung ist nur über einen abschließenden Arbeitsgang mit Formwerkzeugen möglich, deren Wirkflächen in bestimmtem Ausmaß die
Endform des Werkstücks enthalten. In diesem Fall würde sich ein
Ablauf ergeben, wie er in den Bildern 15 und 16 dargestellt ist.
Nach einer zweistufigen Umformung ausgehend vom Rohteil erfolgt dann die "Feinbearbeitung". Im Rahmen einer flexiblen
Fertigung ist in diesem Fall ein Werkzeugwechselsystem notwendig. Dieser Gesichtspunkt wird im Zusammenhang mit der Radialumformmaschine in einer späteren Ausbaustufe untersucht werden.

2.1.5   Steuerungskonzept

An dieser Stelle soll nur soweit auf die umfangreichen
steuerungstechnischen Maßnahmen eingegangen werden, wie zum

Verständnis der Funktionsweise der Anlage und der weitergehenden Betrachtungen notwendig ist.

Die optimale Abarbeitung der verschiedenen Einzelfunktionen zur Steuerung der Radialumformmaschine auf der Basis eines rechnerunterstützten Steuerungssystems, einer CNC-Steuerung, ist nur mit Hilfe eines Prozeßrechners möglich. Die Vorteile eines Prozeßrechners wie freie Programmierbarkeit, schnelle Korrekturmöglichkeit, einfache modulare Erweiterung des Programmsystems zur Steuerung und Regelung der Anlage, ermöglichen eine zügige Abwicklung der Versuchsreihen zur technologischen Erprobung und Optimierung der Maschine.

Dieser Rechner übernimmt alle von ihm realisierbaren Funktionen wie Umrechnung der Geometriedaten auf ein maschinenorientiertes Koordinatensystem, Berechnung der Sollwert-Verläufe der verschiedenen Lageregelkreise, Ausführung der programmierbaren Steuerung, Erfassung der in analoger oder digitaler Form vorliegenden Prozeßsignale, direkte digitale Regelung sowie die Antriebsüberwachung und Störungsanalyse. Die Koppelung und Koordination der einzelnen Funktionselemente der Maschine und deren Lageregelkreise erfolgt mit Hilfe einer rechnerinternen programmierten Software. In Bild 17 sind die Baugruppen der Anlage als Funktionsblöcke dargestellt.

Von zentraler Bedeutung ist die Synchronisation der Stößelbewegungen. Sie wird durch ein im Prozeßrechner implementiertes adaptives Regelsystem bewerkstelligt [39]. Dazu sind in jedem Moment die genauen Positionen der Stößel durch induktive Weggeber zu melden. Induktive Grenztaster übernehmen die notwendigen Endlagenkontrollen. Auf die gleiche Weise wie bei den Stößelbewegungen wird auch bei den anderen Funktionen durch geeignete Meßwerterfassungs- und Regelsysteme die Lageregelung der betreffenden Kreise ermöglicht.

Die Verknüpfung der an sich mechanisch und elektrisch völlig unabhängig voneinander ablaufenden Funktionen erfolgt allein über den Prozeßrechner. Die Steuerung der Anlage

ist somit programmierbar und kann den verschiedensten Anforderungen schnell angepaßt werden. Ein übergeordnetes Programm
schafft die Verbindung und Koordination der einzelnen Programm-
moduln. Die wichtigsten Aufgaben des Steuerprogramms sind:
Starten der Einzel-Moduln in richtiger zeitlicher Reihenfolge,
Überwachung des korrekten Ablaufs der Bewegungen, Unterbrechung
bei Maschinenstörungen. Innerhalb des Steuerprogramms sind zur
Vermeidung von Kollisionen und funktionellen Unverträglichkeiten die entsprechenden Abfragen und Entscheidungen vorzusehen.

Die zur erfolgreichen Abarbeitung des Steuerprogrammes notwendigen Daten hinsichtlich Geometrie von Roh- und Fertigteil sowie der Bearbeitungsfolge werden im Programmsystem PRORUM bestimmt und vom Prozeßrechner übernommen, geprüft und ggf. trans-
formiert. Diese Datenübernahme kann dadurch geschehen, daß dem
Rechner Speicherplatzaddressen eingegeben werden, unter denen
alle notwendigen maschinenspezifischen Steuerinformationen für
die Herstellung der aufeinanderfolgenden Formelemente abgespeichert sind.

2.2 Mögliche Stellung der Maschine innerhalb eines Fertigungssystems

Im Kapitel 1 wurde allgemein untersucht, welche Möglichkeiten
für den Einsatz einer Umformmaschine innerhalb eines flexiblen Fertigungssystems gegeben sind. In diesem Kapitel soll nun konkret anhand der Technologie der Radialumformmaschine und ihres Teilespektrums aufgezeigt werden, wie ein flexibler Einsatz ausse-
hen kann. Es werden dabei die zwei folgenden Möglichkeiten
unterschieden. Die Radialumformmaschine wird als geschlossene
flexible Einheit betrachtet, die auf ihr erzeugten Werkstücke
können als Fertigteile angesehen werden. Es bestehen keine
festen Verkettungen zu den notwendigen Zusatzbearbeitungen wie
Oberflächen- oder Wärmebehandlungen, auch die nachfolgende
spanende Bearbeitung erfolgt nicht starr verkettet mit der
Radialumformmaschine und dadurch automatisiert. Dieses System
kann als lose verkettetes Mehrmaschinensystem bezeichnet werden.

Die zweite Möglichkeit soll ein flexibles und automatisches
Fertigungssystem sein, in dem eine oder mehrere Radialumform-
maschinen integriert sind. Sämtliche Bearbeitungs-, Handha-
bungs- oder Speichervorgänge erfolgen automatisch, an die jeweilige Aufgabe angepaßt und von einem gemeinsamen Steuersystem
koordiniert.

2.2.1 Flexibles Einmaschinen-Umformsystem im Rahmen eines lose verketteten Mehrmaschinensystems

Das Gerüst eines solches Systems wird von einem schon bestehenden
Mehrmaschinensystem konventioneller Art zur Herstellung längs-
achsenbetonter Werkstücke gebildet. Hinzu kommt nun die möglicherweise nachträgliche Integration der Radialumformmaschine.
Da es sich weiterhin um ein lose verkettetes System handeln
wird, sind keine kapitalintensiven Anpassungseinrichtungen notwendig. Der Ablauf der Bearbeitung wird entsprechend Bild 18 erfolgen. Zwischen den einzelnen Stationen sind Zwischenspeicher
zur Pufferung vorgesehen. Bei den verschiedenen Maschinen
(Drehmaschine, Bohr-, Fräsmaschine) kann es sich um NC-Maschi-
nen handeln, die nicht einem gemeinsamen Steuersystem angehören.
Im Rahmen der Fertigungsvorbereitungen wird berücksichtigt,
ob entweder die Radialumformmaschine zu durchlaufen ist, oder
ob sofort nach dem Ablängen der Rohteile zu den spanenden Maschinen gewechselt wird. Als ein Kriterium für diese Entscheidung kann die jeweilige Auslastung der betreffenden Anlagen
herangezogen werden. Weitere Kriterien in diesem Zusammenhang
sind Geometrie und Werkstoff der Teile.

In einem solchen System muß Flexibilität nur bei der Radialumformmaschine gegeben sein. Alle anderen Maschinen und Einrichtungen können für sich betrachtet mehr oder weniger automatisiert sein, ohne jedoch in ihrer Gesamtheit eine flexible
Fertigung zu ermöglichen. In dem oben genannten System ist
auch der Ausbau der Radialumformmaschine mit einem Werkzeugwechselsystem für Formwerkzeuge zur Fertigung von Werkstücken
mit ähnlich hoher Oberflächenqualität wie beim Rundkneten denkbar. In diesem Fall ergibt sich je nach Anzahl der in einem
Speicher untergebrachten Werkzeugsätze eine Vergrößerung des
Teilespektrums um radialumgeformte Fertigteile.

Eine wichtige Anwendungsmöglichkeit ist durch den Ersatz des
Verfahrens Reckwalzen gegeben. Dieses Vorformverfahren dient
zur Massenverteilung für ein nachfolgendes Schmieden [40, 41].
Aufgrund der maschinentechnischen Gegebenheiten ist bisher das
mögliche Teilespektrums besonders von der Werkstücklänge her
sehr begrenzt. Hier bieten sich für die Radialumformmaschine
gute Arbeitsmöglichkeiten.

2.2.2   Gemischtes, flexibles Fertigungssystem

Ein wirtschaftlicher und flexibler Einsatz der Radialumformmaschine ist bei Integration in ein gemischtes, flexibles Fertigungssystem gegeben. Dieses System kann entsprechend Bild 2
aus sich ersetzenden und ergänzenden oder auch nur ergänzenden Arbeitsstationen bestehen. Entsprechend dem gemeinsamen
Teilespektrum - längsachsenbetonte, hauptsächlich rotations-
symmetrische Werkstücke - wird die Radialumformmaschine zur
Herstellung von Vorformen für ein nachfolgendes Drehen, Fräsen
oder Bohren herangezogen. Ein gemeinsames Steuersystem erfaßt
sämtliche Maschinen und Einrichtungen, wobei der Fertigungsleit-
rechner auch eine Optimierung der jeweiligen Einzelbearbeitungs-
aufgaben im Rahmen aller Bearbeitungen vorzunehmen hat (Bild 19).

Bei Umformverfahren sind teilweise verschiedene zusätzliche
Behandlungen der Werkstücke nötig. So soll vor dem Radialumformen von Stahl ein Glühen des Werkstücks erfolgen. Diese Wärme-
behandlung ist zweckmäßigerweise systemextern vorzunehmen, wobei durch ein geeignetes Speicher- oder Puffersystem die Bereit-
stellung der Werkstücke für das System selbst ermöglich wird.

Der Aufbau eines solches Systems kann in Anlehnung an bestehende flexible Fertigungssysteme für Rotationsteile [9, 11] entsprechend den Bildern 20 und 21 dargestellt werden. Die Anordnung der Maschinen und der Materialfluß ergibt sich aus der
technologisch bedingten Reihenfolge der einzelnen Bearbeitungs-
arten: Nach dem Radialumformen, dem Herstellen von Vorformen,
wird in den meisten Fällen zuerst eine Drehbearbeitung und dann
eine Folgebearbeitung wie Fräsen oder Bohren durchgeführt.

Der Einsatz der Radialumformmaschine in einem solchen Fertigungssystem in Richtung "Vorbearbeitung" stimmt mit dem Gesichtspunkt der Bearbeitung mit einem auf das Teilespektrum abgestimmten Universalwerkzeugsatz überein. Es werden keine erhöhten Anforderungen an die Oberflächenausbildung der Werkstücke gestellt; eine Bearbeitung mit Formwerkzeugen wird unnötig.

In diesem Kapitel sollen Informationen darüber bereitgestellt
werden, wie ein System zur automatischen Arbeitsablaufermittlung aufgebaut sein soll, welche Bereiche es zu umfassen hat
und wie es im Rahmen einer automatischen Fertigung genutzt
werden kann. Die Zielsetzung wird dabei themengemäß in Richtung
Radialumformen gehen. Neben einigen allgemein für den Bereich
Fertigung geltenden Anforderungen an ein solches System, werden
hauptsächlich die Belange der flexiblen Bearbeitungseinheit
Radialumformmaschine zu berücksichtigen sein.

3.1   Die Arbeitsablaufermittlung als Bestandteil der
         Arbeitsplanung

3.1.1   Definitionen und Abgrenzungen

Die Gesamtheit aller Maßnahmen einschließlich der Erstellung
der erforderlichen Unterlagen und Betriebsmittel, die durch
Planung, Steuerung und Überwachung für die Fertigung von Er-
zeugnissen ein Minimum an Aufwand gewährleisten, werden als
Arbeitsvorbereitung (auch Fertigungsvorbereitung genannt) bezeichnet [42]. Die Arbeitsvorbereitung gliedert sich in die
Bereiche Arbeitssteuerung (Fertigungssteuerung) und Arbeitsplanung (Fertigungsplanung). Alle Tätigkeiten, die für eine
der Arbeitsplanung entsprechende Auftragsabwicklung erforderlich sind, gehören zur Arbeitssteuerung. Die Arbeitsplanung umfaßt alle einmalig und im allgemeinen vor der Fertigung auftretenden Planungstätigkeiten, die die fertigungsgerechte Herstellung eines Werkstücks ermöglichen. Diese Tätigkeiten lassen
sich in kurzfristig auftretende Tätigkeiten mit den Begriffen
Arbeitsablaufplanung und Zeitplanung aufgliedern, und in solche,
die das Erreichen des Fertigungsziels längerfristig gewährleisten wie Methoden-, Material-, Kosten-, Investitions- und
Fertigungsmittelplanung. Im Mittelpunkt dieser Arbeit steht
die Arbeitsablaufplanung (Arbeitsablaufermittlung).

3.1.2   Aufgaben der Arbeitsablaufermittlung

Unter dem Begriff Arbeitsablauf soll hier die Art und Weise
der Ausführung der einzelnen Arbeitsvorgänge und deren Reihenfolge verstanden werden. Als Arbeitsvorgänge werden alle Funktionen und Bewegungen der Radialumformmaschine sowie evtl. auch
die manuell auszuführenden Tätigkeiten definiert, die insgesamt
zu einem vollständigen Fertigungsergebnis führen.

Bei einer automatischen Arbeitsablaufermittlung sollen alle
Planungstätigkeiten, seien es formale Berechnungen, logische
Ermittlungen oder schöpferische Überlegungen [43], auf die
geeignete Weise ohne wesentlichen Eingriff des Menschen im
Rahmen eines Programmes von einem Rechner erledigt werden. Die-
se automatische Erstellung der Fertigungsinformationen bedeu-
tet faktisch eine Simulation des Fertigungsprozesses auf einer
Datenverarbeitungsanlage [44].

3.1.3   Stand der Erkenntnisse für den Bereich der Umform-
technik

Die Probleme der automatisierten Fertigungsplanung und dabei
besonders der Bereich der Arbeitsablaufermittlung für Umformverfahren wurden bisher nur in wenigen Arbeiten untersucht.

Für die Verfahren Freiformschmieden und Feinschmieden konnten
erste Programme [32, 34] erstellt werden, mit deren Hilfe
rechnerunterstützt Arbeitsabläufe bestimmt werden können, wobei teilweise eine Auswahl aus einer Reihe standardisierter Abläufe
auf der Basis der Eingabedaten vorgenommen wird. Diese Programme sind auf spezielle Anwendungsfälle beschränkt oder lassen wichtige Bereiche der Arbeitsplanung, wie z. B. die Rohteilbestimmung offen.

In der umfangreichen Arbeit [45] gelang es zum ersten Male, den
gesamten Komplex der Fertigungsplanung beim Kaltmassivumformen
in der Großserie im Rahmen von Programmen zu erfassen, wodurch die Auswahl wirtschaftlicher, optimierter Fertigungs-
methoden möglich wird. Bei den Verfahren zur Herstellung ro-

tationssymmetrischer Voll- und Hohlkörper, die in diesem Programmsystem Berücksichtigung finden, handelt es sich vor allem um Stauchen, Verjüngen und Fließpressen.

Die grundsätzlichen Möglichkeiten der Verarbeitung von technologischen Kenndaten von Umformverfahren, die Datensammlungen entnommen sind, bis hin zur rechnerunterstützten Herstellung einfacher Arbeitspläne für Oberflächenfeinwalzverfahren, wurden in [46] beschrieben.

Insgesamt läßt sich also sagen, daß der wichtige fertigungsbeeinflussende Bereich der Arbeitsplanung und hier speziell die Arbeitsablaufermittlung für Umformverfahren, nur für einige wenige sehr spezielle Anwendungsfälle untersucht wurde, wobei die Einbeziehung dieser Programmsysteme in eine flexible Fertigung nicht oder nur am Rande Beachtung fand.

3.2   Systeme der Arbeitsablaufermittlung

Systemabgrenzungen:

Drei Systeme zur Ermittlung von Arbeitsabläufen können unterschieden werden, die bisher hauptsächlich in der spanenden Fertigung zur Anwendung gelangten [47].

Bei der Wiederholteilplanung werden Arbeitspläne früher gefertigter Werkstücke für aktuelle Aufgaben verwendet. Der Anwendungsbereich und damit auch die Leistungsfähigkeit dieses Systems ist jedoch durch die Fixierung auf bestehende Lösungen stark eingeschränkt. Zur Vermeidung dieser Nachteile wurden Systeme konzipiert, die auf der Ähnlichkeitsplanung beruhen. Für bestimmte Werkstückgruppen, die aus fertigungstechnisch ähnlichen Werkstücken bestehen, werden Arbeitspläne erstellt, die standardisierte und variable Elemente enthalten, so daß auf der Basis sog. Standardarbeitspläne unter Berücksichtigung der vorherrschenden Betriebsbedingungen aktuelle Arbeitspläne erstellt werden können. Es können bei diesem System nur Werkstücke einbezogen werden, die sich in eine der Standardwerkstückgruppen einordnen lassen.

Die größtmögliche Flexibilität bezüglich der Berücksichtigung
neuer Werkstücke, neuer Maschinen oder aktueller Planungsziele,
bei jedoch gleichzeitig hohem Aufwand zur Systemerstellung
und -anwendung bietet das Neuplanungsprinzip. Jedem Werkstück
wird eine neue Planungsaufgabe zugeordnet, wobei alle im Rahmen
der Fertigungsmittel möglichen Lösungen geprüft und bewertet
werden.

Anwendung dieser Systeme:

Für eine automatisierte Arbeitsplanerstellung im Rahmen einer
flexiblen Fertigung müssen Systeme auf der Grundlage des Neu-
planungsprinzips als die geeigneteren angesehen werden. Ver-
änderungen der technologischen Gegebenheiten des Fertigungssystems oder Neukonstruktionen von Werkstücken werden erfaßt
und ergeben optimale und wirtschaftliche Fertigungsabläufe.

Die Anwendung des betreffenden Systems kann je nach Aufbau
und gerätemäßiger Ausstattung im sog. Stapelbetrieb erfolgen,
bei dem durch den Benutzer der Programmablauf nicht beeinfluß-
bar ist oder im Dialogbetrieb, wo in Abhängigkeit von Zwischen-
ergebnissen und Lösungsalternativen in den Ermittlungsablauf
eingegriffen werden kann [43].

Das für die Radialumformmaschine vorgesehene System wird nicht
zuletzt wegen des Fehlens entsprechender Geräte (Bildschirm)
im Stapelbetrieb nach Bild 22 ablaufen, wobei es sich vom
Planungstyp her um eine Kombination von Ähnlichkeits- und Neu-
planung handeln wird, da zwar je nach Formelementkombination
ein eigener Arbeitsablauf entsteht, durch die begrenzte Anzahl an zugelassenen Formelementen jedoch insgesamt nur eine
bestimmte Anzahl verschiedener Arbeitsabläufe für die einzelnen
Formelemente vorkommt. Es handelt sich also um die jeweils neu
zu planende Verknüpfung fester, vorliegender Fertigungsabläufe
für die verschiedenen Formelemente.

3.3 Voraussetzungen zur automatischen Arbeitsablaufermittlung

Das Grundprinzip der automatischen Arbeitsablaufermittlung besteht darin, daß eine elektronische Datenverarbeitungsanlage in Verbindung mit einem Verarbeitungsprogramm, das die Planungslogik enthält, die notwendigen Entscheidungen und Berechnungen zur Auswahl des optimalen Arbeitsablaufs vollständig durchführt. Sie hat dazu mit Hilfe von Algorithmen die das Werkstück, die Maschine und die betreffende Technologie beschreibende Informationsmenge zu verarbeiten.

3.3.1 Bestimmungsparameter des Arbeitsablaufs

Die Gesamtheit aller die Bearbeitung eines Werkstücks auf der Radialumformmaschine bestimmenden Kenngrößen (Parameter) kann in drei Gruppen eingeteilt werden:

- Kenngrößen der Fertigungsaufgabe, des Werkstücks;
- Kenngrößen des Fertigungssystems, der Radialumformmaschine;
- Kenngrößen der Technologie, des Zusammenwirkens der Einzelfunktionen.

Die Fertigungsaufgabe wird durch die der Konstruktionszeichnung entnommene Geometrie des Werkstücks bestimmt. Mit diesen Angaben ist die Einteilung des Werkstücks in zugelassende Formelemente und die Kodierung dieser Daten zur Verarbeitung im Programm vorzunehmen; es ist dazu ein Werkstückbeschreibungssystem zu erstellen.

Die Beschreibung der Funktionsträger, hier der Radialumformmaschine und die Abgrenzung ihrer Funktionsmöglichkeiten (z.B. Kollisionsgefahr) ist durch die Datenmenge "Kenngrößen des Fertigungssystems" gegeben. Die Verknüpfung dieser eben genannten Bereiche zu den Bestimmungsgrößen der Technologie bildet die Basis der Arbeitsablaufermittlung. Im diesem Bereich werden Entscheidungshilfen bereitgestellt, mit denen die Auswahl eines an die Fertigungsaufgabe angepaßten Arbeitsablaufs möglich ist. Die Struktur dieser Bestimmungsparameter und ihre Beziehung zum Programmsystem ist in Bild 23 zu sehen.

3.3.2   Dateien

Umfangreiche Datenmengen, die u.a. zur Beschreibung von Funktionsträgern der Radialumformmaschine notwendig sind, werden in Form von Dateien gespeichert und zum benötigten Zeitpunkt vom Programm abgerufen und abgearbeitet. Auf diese Weise werden z. B. die geometrischen Größen verschiedener Werkzeugsätze zu Berechnungen oder logischen Entscheidungen herangezogen. Die Speichermöglichkeit dieser Daten hängt wesentlich von der gerätemäßigen Ausrüstung des Rechners ab.

3.3.3   Erfassung der Fertigungsaufgabe

Zur Erstellung von Eingangsdaten für das Programm werden Werkstückinformationen hinsichtlich Geometrie und Werkstoff benötigt. Es muß also ein Werkstückbeschreibungssystem vorhanden sein, mit dessen Hilfe dem Benutzer des Programmsystems die Möglichkeit gegeben ist, das unbedingt notwendige Minimum an Eingangsdaten, also die Beschreibung der Fertigungsaufgabe, programmgerecht zu verschlüsseln. Das Beschreibungssystem soll auch im Hinblick auf das begrenzte Speicherplatzangebot der verwendeten Rechenanlage einfach aufgebaut und leicht zu handhaben sein. Redundanz von Informationen ist zu vermeiden.

Grundsätzlich kann zwischen klassifizierenden - hier dienen Ähnlichkeitsmerkmale zur Einteilung in Formklasen - und definierenden Systemen unterschieden werden. Bei letzteren sind durch vollständige Beschreibungen der Werkstücke eindeutige, zuordenbare Verschlüsselungen der Werkstückdaten nötig.

3.3.4   Algorithmierbarkeit

Im Rahmen eines Programmes sind grundsätzlich nur algorithmier-
bare Abläufe zu erledigen. Bei formalen Berechnungen ergeben
sich keine Schwierigkeiten: Mit einer programmierbaren Rechen-
vorschrift wird ausgehend von einem Wert oder mehreren Daten
eine neue Datenmenge errechnet.

Komplizierter sind jedoch logische Entscheidungen oder sogar
schöpferische Überlegungen zu programmieren. Diese letztere
Gruppe muß auf eine Reihe von logischen Entscheidungen zurück-
geführt werden. Dazu sind vorab schon bei der Analyse des Pro-
blems vor der Programmierung Vereinfachungen vorzunehmen. Die
Programmierung selbst erfolgt auf der Basis der in Bild 24 dargestellten Grundstruktur eines Algorithmus. Kenngröße und Wert
sind durch logische oder arithmetische Operatoren verbunden
und führen zu einer bestimmten Maßnahme innerhalb des Programms
mit Wirkung auf den Planungsablauf [48].

Eine weitverbreitete Technik zur Abarbeitung einer großen Anzahl von Entscheidungen ist die Entscheidungstabellentechnik
[49]. Diese Technik soll jedoch hier wegen des großen Program-
mier- und Rechenaufwandes nicht angewandt werden.

3.3.5   Optimierungsmöglichkeiten

Für eine automatische Arbeitsablaufermittlung ohne Eingriff
des Personals sind innerhalb des Programmes Optimierungs-
unterprogramme vorzusehen, d. h. es ist nicht jeweils nur
eine technologisch sinnvolle Ablaufvariante anzubieten,
sondern diese Variante muß gleichzeitig die optimale darstellen.
Als Optimierungskriterium kann die Zeit herangezogen werden:
Der ausgewählte Arbeitsablauf muß die wenigste Zeit benötigen.

Innerhalb eines flexiblen Fertigungssystems, in dem nach dem Radialumformen noch spanend fertigbearbeitet wird, kann eine Optimierung

in Verbindung mit den nachfolgenden Bearbeitungen erfolgen. Hier
ist insgesamt zu prüfen, ob die gesamte Bearbeitung optimal aus-
gelegt ist.

Eine sinnvolle Optimierung der Bearbeitung kann nur dann erfolgen, wenn alle Einflußparameter bekannt sind; alle Funktionen,
Bewegungen oder Handhabungen müssen hinsichtlich Geschwindig-
keit oder Zeitdauer erfaßbar sein.

Die zwei grundsätzlichen Optimierungsmöglichkeiten (in [47] ausführlich dargestellt) sind die absolute und die stufenweise
Optimierung. Bei der rechentechnisch aufwendigen absoluten Optimierung werden für ein Werkstück alle möglichen Bearbeitungs-
möglichkeiten ermittelt und dann mit Bewertungskriterien miteinander verglichen. Bei der auch hier einzusetzenden stufenweisen Optimierung wird jeweils bei den einzelnen Arbeitsstufen
geprüft, welche Ablauffolge die voraussichtlich beste Lösung
darstellt. Dies wird wiederholt, bis das Werkstück fertig bearbeitet ist. Im Vergleich zur absoluten Optimierung kann zwar
hier eine abweichende Lösung auftreten, der Unterschied hält
sich jedoch in Grenzen. Die stufenweise Optimierung läßt sich
grundsätzlich auch besser an die Gegebenheiten der Rechenanlage
hinsichtlich des Speicherplatzes anpassen und benötigt weniger
programmtechnischen Aufwand.

3.4 Spezielle Voraussetzungen hinsichtlich der Radial-umformmaschine

Neben den in den vorhergehenden Abschnitten dargestellten Voraussetzungen allgemeinerer Art an Systemen zur automatischen
Arbeitsablaufermittlung sind nun noch speziell auf dem Verfahren Radialumformen und der betreffenden Maschine beruhende Voraussetzungen und Anforderungen darzustellen.

3.4.1 Die Technologie der Radialumformmaschine

Bei der Radialumformmaschine handelt es sich um eine geschlossene Bearbeitungseinheit, bei der nur das Verfahren Radialumformen zur Anwendung gelangt; es sind also im Rahmen des Ar-

beitsablaufs verschiedene Fertigungsverfahren nicht zu berücksichtigen. Im Gegensatz zur Arbeitsablaufermittlung bei spanenden Verfahren ist hier also die Reihenfolge der verschiedenen
Funktionen und Bewegungen _eines_ Fertigungsverfahrens zu bestimmen. Beim Radialumformen sind dies: Arbeitshub, Zustellung,
Vorschub, Drehung und ggf. 'Herstellung der Exzentrizität. Dazu kommen noch zusätzliche Handhabungen wie Spannen oder Wenden des
Werkstücks. Wenn die Endausbaustufe der Anlage erreicht ist,
muß auch der Werkzeugwechsel berücksichtigt werden.

Die Technologie der Radialumformmaschine führt zu einer Aufteilung der Arbeitsablaufermittlung in die Bereiche _Bearbeitungs-
folge_ und _Bearbeitungsparameter_ entsprechend Bild 25. Die Reihenfolge der Einzelfunktionen zur Erzeugung eines vorgegebenen Werkstücks wird durch die Angabe einer Bearbeitungsfolge bestimmt.
Die Größen dieser Funktionen, Wege, Bewegungen, Drehungen usw.,
werden als Bearbeitungsparameter bezeichnet und als Steuerdaten der Maschine eingegeben.

Zur Erzeugung der im Rahmen des Teilespektrums zugelassenen
Formelementfolgen können bei der Bearbeitungsfolge drei technologische Zyklen unterschieden werden (Bild 26):

- Zyklus "Radialumformen": Das Zusammenwirken der Funktionen
  sorgt hier für ein vollständiges Umformen des Werkstückum-
  fangs bis zu den geforderten Endmaßen.

- Zyklus "Formelement": Hier werden vorrangig Querschnittsform und Elementlänge erzeugt, wobei bis zum Erreichen des
  Endquerschnitts verschiedene Zwischenformen auftreten müssen.

- Zyklus "Formelementfolge": Durch Einhalten einer bestimmten
  Reihenfolge der Formelementerzeugung entsteht das Werkstück.

Diese drei Zyklen überschneiden sich bei der Bearbeitung teilweise. Es sind aber getrennte Kriterien bei der Auswahl der jeweiligen Parameter zu berücksichtigen.

Ein wichtiger Punkt ist die durch die immer auftretende Durchmesserverkleinerung bedingte Längung des Werkstücks. Hier
muß auf der Basis der Volumenkonstanz, d. h. was vom Durchmes-

ser abgearbeitet wird, fließt in die Länge, eine algorith-
mische Berücksichtigung im Programm erfolgen. Die Steuerparameter bezüglich des Vorschubs ändern sich dadurch laufend.

Neben Verfahrensgrenzen, die auf geometrischen Unverträglich-
keit zwischen Werkstück, Werkzeug und Maschine beruhen, muß
auch der maximal mögliche Umformgrad berücksichtigt werden.
Dieser Umformgrad hängt einerseits von der Verfestigung des
Werkstoffs (Fließkurve) und der zur Verfügung stehenden Um-
formkraft ab, andererseits von den zur Vermeidung von Zugspan-
nungen im Werkstück begrenzten Querschnittsabnahmen pro
Stufe. Rechnerisch ergibt sich der Umformgrad zu

$$\varphi = \ln \frac{A_1}{A_0}$$

mit A_0 = Ausgangsquerschnitt und A_1 = Endquerschnitt.

Es muß also laufend geprüft werden, ob ein empirisch bestimmter
und vorgegebener maximaler Umformgrad im Laufe der Umformung
nicht überschritten wird, und ob der aktuelle Umformgrad von
der Maschine überhaupt kräftemäßig erreicht werden kann.

3.4.2 Optimierung des Verfahrens

Die umformtechnische Optimierung des Verfahrens hinsichtlich Werkzeugabmessungen, Eindringtiefen, Zustellungen und Vorschubgrößen
wurde bei der Erstellung des Programmsystems in den verschiedenen Algorithmen berücksichtigt. Diese Zusammenhänge wurden für
das Freiformen ermittelt und können mit gewissen Abstrichen
auch beim Radialumformen gelten [50]. Auch umfangreiche Untersuchungen des Rundknetens finden innerhalb des Programmsystems
ihre Berücksichtigung [24].

Schwierigkeiten bereitet noch die Optimierung des Verfahrens
nach Zeitkriterien im Rahmen einer Gesamtfertigung, also mit
nachfolgenden spanenden Bearbeitungen. Der augenblickliche
Stand des Aufbaus der Anlage läßt noch keine endgültige Angabe der zeitbestimmenden Kenngrößen der Funktionselemente zu,

so daß eine genaue Berechnung der Bearbeitungszeit noch nicht
möglich ist. Eine Optimierung im umfassenden flexiblen Fertigungssystem ist jedoch nur dann möglich, wenn von allen Anlagen genaue Vorgabezeiten berechnet werden können.

Als ein mögliches Ziel kann die Verbindung zu einem rechnerunterstützten Vorgabezeitermittlungssystem gelten, wie es in
[51] vorgestellt wurde. Bei diesem System wird nur ein Kleinrechner benötigt, was der momentanen gerätemäßigen Ausstattung
des Projekts in der Versuchsphase entgegenkommt.

3.4.3 <u>Notwendige Vernachlässigungen</u>

Bei der Aufstellung der verschiedenen Algorithmen muß eine
Reihe von Vernachlässigungen gemacht werden, die hauptsächlich
in der Technologie des Verfahrens und im Werkstoffverhalten
liegen.

Zunächst wird von einer idealen Umformung ausgegangen, d. h.
es gilt im Rahmen der Volumenkonstanz, daß bei der Querschnitts-
reduzierung der Werkstoff vollständig zur Längung des Werkstücks
führt.

Die jeweiligen Querschnitte entstehen aus dem Ausgangsquerschnitt
und werden durch die Wirkflächen der Werkzeuge in der Endstellung
bestimmt; eine Ausbauchung an den nicht vom Werkzeug beaufschlag-
ten Stellen soll nicht auftreten. Eine Erfassung der wirklich entstehenden Querschnittsgestalt ist mit einfachen, im Rahmen dieser
Arbeit vertretbaren Mitteln nicht möglich und nicht nötig. Für
weitergehende Betrachtungen dieser Probleme kann die Methode der
Finiten Elemente herangezogen werden. Am Institut für Umformtechnik der Universität Stuttgart wird in einer anderen Arbeit
die Möglichkeit der Bestimmung der Querschnittsgestalt bei radialer Krafteinleitung gerade untersucht.

Die Erzeugung "scharfer" Einschnitte ist nicht möglich. Nach [52]
ist der beim Eindringen der Werkzeuge in den Werkstoff entstehen-
de Flankenwinkel α von der Werkzeuglänge l_W (bzw. Bißbreite l_B)
und der momentanen Werkstückhöhe h abhängig (siehe hierzu Bild 1A
im Anhang):

Die durch diesen Sachverhalt entstehenden Ungenauigkeiten
werden im Rahmen der Zugabenermittlung berücksichtigt.

Es wird weiterhin angenommen, daß die vorgesehenen Genauigkeiten der Funktionselemente wie Hubgenauigkeit = 0,5 mm und Vor-
schubgenauigkeit = 1 mm erreicht werden können. Das Programmsystem wird so aufgebaut, daß ohne Schwierigkeiten Eingriffe
und Änderungen möglich sind, wenn sich herausstellen sollte,
daß aus den oben geschilderten Gründen andere Parameter zu
berücksichtigen sind.

3.4.4 Hardware-Software-Beziehung

Wesentlichen Einfluß auf die Auswahl der Programmstruktur hat
der im Rechner zur Verfügung stehende Speicherplatz. Die in
BASIC geschriebenen Programme sollen in der Anfangsphase auf
einem Kleinrechner (Hewlett + Packard Nr. 9830A) mit 7 K-Byte
Speicherplatz laufen. Ein angeschlossener Plattenspeicher
(2,4 M-Byte pro Platte) erlaubt das Abspeichern und schrittweise Abarbeiten der Unterprogramme. Die Peripherie des Rechners wird von einem Thermodrucker, einem Lochkartenleser und
einem Plotter gebildet.

Die verschiedenen Unterprogramme sind hinsichtlich ihres benötigten Speicherplatzes genau den oben geschilderten Gegebenheiten anzupassen. Dies macht teilweise die unzweckmäßige Aufteilung von sachlich zusammenhängenden Programmkomplexen nötig.

Die Steuerung der Maschine wird mit einem Prozeßrechner (Typ
PDP 11/34, Firma Digital-Equipment) der später auch die Abarbeitung der Arbeitsablaufermittlungsprogramme übernehmen wird,
vorgenommen.

Da in der gegenwärtigen Ausbauphase laufend Änderungen am
Programm vorgenommen werden müssen, erscheint es zweckmäßig,
dem Prozeßrechner nur die betreffenden Parameter zur Weiterverarbeitung zu übergeben, den Programmablauf selbst noch
vom Kleinrechner vornehmen zu lassen. Diese Möglichkeiten

der Datenverarbeitung und die jeweiligen Schnittstellen im Rahmen des Ablaufs sind in Bild 27 dargestellt.

Das Programmsystem PRORUM (Programmsystem Radialumformen) kann
als ein erster veröffentlichter Versuch angesehen werden, für
ein ausgewähltes Umformverfahren die automatische Ermittlung
sämtlicher, zur erfolgreichen Bearbeitung notwendigen Fertigungsinformationen zu ermöglichen. Die selbsttätige Anpassung der
Funktionselemente an die Bearbeitungsaufgabe in Verbindung mit
der steuertechnischen Ausstattung der Anlage führt zur "flexiblen Bearbeitungseinheit Radialumformmaschine".

4.1   Aufbau des Systems

4.1.1   Ermittlungsstrategie

Wie schon in Kap. 3.2 kurz anklang, handelt es sich beim vorliegenden System um eine Kombination von Ähnlichkeits- und Neu-
planung, da jeweils die Verknüpfung fester, vorliegender Fertigungsabläufe neu zu planen ist. Ausgehend von den Überlegungen, Entscheidungen und Berechnungen der manuellen Arbeitsablaufbestimmung wurde versucht, diese verschiedenen Informations-
verarbeitungsbereiche durch Algorithmen programmtechnisch zu
erfassen.

Die einzelnen Algorithmen bestehen aus funktionellen mathema-
tischen Zusammenhängen verschiedener Größen, ergänzt durch Angaben über deren Grenzwerte. Sollten sich bei der Durchrechnung
Daten ergeben, die die Grenzwerte über- oder unterschreiten,
so ist entweder nach einer selbsttätigen, zweckmäßigen Veränderung von Eingangsinformationen ein nochmaliger Durchlauf einzelner Abschnitte vorzusehen oder neue für diesen Zweck programmier-
te Abschnitte werden ersatzweise berücksichtigt. Falls diese
Möglichkeiten nicht zutreffen, so hat nach erfolgter Meldung
dieses Sachverhaltes eine manuelle Ermittlung einzelner Daten
zu erfolgen. Weiterhin können an verschiedenen Stellen des Pro-
grammablaufes Eingriffsmöglichkeiten, z. B. zur Veränderung von
Grenzwerten oder Eingabedaten vorgesehen werden.

4.1.2 Programmstruktur

Das Programmsystem PRORUM kann in drei große Bereiche eingeteilt werden (Bild 28). Innerhalb dieser Bereiche werden unterschiedliche Aufgaben erledigt. Die Dateneingabe stellt alle
Informationen bereit, die hinsichtlich Fertigungsaufgabe und
Bearbeitungssystem zur hinreichenden Definition nötig sind. Im
Teileprogramm werden mit Hilfe einer geeigneten Werkstückbe-
schreibung die Form- und Maßangaben des betreffenden Werkstücks
formuliert. Die Bestimmungsparameter von Maschine, Werkzeugvor-
rat oder Rohteillager sind in Dateien gespeichert oder werden
wie die Werkstückdaten dem Programm zugeführt. Die Gesamtheit
der eben beschriebenen Informationen stellt eine für die Weiterverarbeitung im Rechner unbedingt notwendige Datenmenge dar.

Die Datenverarbeitung erfolgt in den einzelnen Abschnitten des
Verarbeitungsprogrammes. Innerhalb geeigneter Algorithmen werden
auf der Basis der ausgewählten Ermittlungsstrategie die Informationen, die insgesamt den richtigen Arbeitsablauf ermöglichen,
bestimmt. Dazu gehören beispielsweise Bearbeitungsentscheidungen, Rohteilbestimmung, technologische Optimierung der Bearbeitungsfolge oder Bestimmung der Bearbeitungsdaten. Neben Daten
der Bearbeitungskinematik kommen auch Daten der Fertigungsmittel hinzu. Die Zuordnung der wichtigen Datenbereiche Fertigungsaufgabe, Radialumformmaschine und Bearbeitungsfolge im Programmsystem und ihre Herkunft wurden in Bild 23 dargestellt. Zum Bereich der Datenverarbeitung muß noch die Anpassung der ermittel-
ten Daten an das Steuersystem der Radialumformmaschine durch
den Prozeßrechner gerechnet werden. Dazu gehören Koordinaten-
transformationen oder Interpolationen von Maßangaben in maschi-
nengerechte Schrittweiten.

Die Ergebnisse der Datenverarbeitung werden in der Datenausgabe
erfaßt. Hierbei erfolgt sowohl die Ausgabe von schriftlich oder
bildhaft niedergelegten Informationen hinsichtlich des Arbeitsablaufs, dem Arbeitsplan, als auch die maschineninterne Weiter-
gabe der transformierten Daten an die jeweilige Funktionsstelle
des Steuersystems.

Bedingt durch den zur Verfügung stehenden Speicherplatz des
Kleinrechners wird eine Aufteilung des Programms in verschiedene Einzelprogramme vorgenommen. Zur Erzielung einer günstigen
Rechnerauslastung mußten teilweise unzweckmäßige Unterteilun-
gen von sachlich zusammenhängenden Programmteilen hingenommen
werden. Ein Vorteil dieses modulartigen Aufbaus ist die einfache Änderungs- oder Erweiterungsmöglichkeit des Programmes.
Das Ablaufdiagramm in Bild 29 verdeutlicht diese "segmentierte"
Struktur und läßt erkennen, wie die Einzelprogramme nacheinander aufgerufen und durchlaufen werden. Die Aufgaben der noch
zu erläuternden Einzelprogramme sind in Tabelle 1 aufgeführt.
Das Grobflußdiagramm in den Bildern 3A und 4A des Anhangs zeigt
stark vereinfacht die verschiedenen Entscheidungen und Berechnungen im Rahmen des Programmdurchlaufs.

4.2 Werkstückbeschreibung

4.2.1 Aufgabe eines Werkstückbeschreibungssystems

Als Voraussetzung für eine automatische Arbeitsablaufbestimmung
ist eine vom Programm interpretierbare Darstellung der Fertigungsaufgabe notwendig. Die Basis zur Ermittlung dieser Eingabedaten bildet die Zeichnung des einbaufertigen Werkstücks, die
Fertigteilzeichnung. Die daraus entnommenen Geometriedaten be-
schreiben die Fertigungsaufgabe hinreichend. Zur Eingabe in den
Rechner müssen diese Daten nach einem bestimmten System kodiert
werden. Dazu werden in dieser Phase noch Vernachlässigungen von
vom Programm nicht benötigten Werkstückinformationen vorgenommen.

Das Beschreibungssystem soll einfach und unmißverständlich aufgebaut und leicht zu handhaben sein. Nur das unbedingt notwendige Minimum an aktuellen Daten soll an das Verarbeitungsprogramm
übergeben werden. Der Anteil an manuell zu erledigenden Tätigkeiten, die tieferes Verständnis der Aufgabenstellung erfordern,
ist so klein wie möglich zu halten.

4.2.2 Beschreibungssystem für Geometrie und Form

Die vorliegende Fassung des Programmsystems erfordert im Rahmen

der Eingabedaten nur die Beschreibung der Geometrie des Werkstücks. Zusätzliche technologische Angaben sind nicht nötig.
Ein in [44] aufgeführter Vergleich verschiedener Beschreibungssysteme aus dem Bereich der spanenden Fertigung zeigt, daß
diese Systeme für das vorliegende Teilespektrum mit den einfachen Grundformen einen viel zu großen Aufwand darstellen.
Außerdem müssen die Gegebenheiten des zur Verfügung stehenden
Kleinrechners und der Programmiersprache BASIC beachtet werden.
So bot sich der Aufgabenstellung entsprechend ein problemorientiertes, definierendes System mit möglichst geringem Beschreibungsaufwand an.

Die Betrachtung des in Kap. 2.1.2 vorgestellten Teilespektrums
für die Radialumformmaschine zeigt, daß bedingt durch die Technologie dieser Maschine sowohl Werkstückabschnitte mit kreisförmigem als auch mit vieleckigem Querschnitt erfaßt werden
müssen. Dabei spielt es für die Eingabedaten keine Rolle, daß
aufgrund der Verwendung von Universalwerkzeugen mit ebener
Wirkfläche die Herstellung von Kreisquerschnitten nur näherungsweise möglich ist. Kodiert wird gemäß der Fertigteilzeichnung,
in der Kreisquerschnitte auftreten können.

Werkstücke mit nur rotationssymmetrischen Querschnitten können
durch ihre Kontur eindeutig beschrieben werden. Beim Auftreten
von Vielecken als Querschnitt sind jedoch noch zusätzliche Informationen nötig. Aus diesem Grund erfolgt die Einteilung der
Werkstücke in Formelemente, die als nicht mehr unterteilbare
Werkstückabschnitte mit gleichartigem Querschnitt betrachtet
werden. Die Merkmale der zugelassenen Formelemente wurden in
Bild 8 dargestellt. Durch Aneinanderreihen dieser Zylinder und
Prismen entstehen sämtliche dem Teilespektrum entsprechende
Werkstücke. Die Beschreibungsrichtung ergibt sich aus dem
Werkstückanordnung auf der Fertigteilzeichnung von links nach
rechts.

Jedes Formelement läßt sich mit einer Mindestdatenmenge eindeutig bestimmen. Die dazu notwendigen Geometriedaten ergeben sich
aus Bild 30, wobei zu beachten ist, daß bei Formelementen mit

kegeligem Konturverlauf die jeweiligen Maßangaben der linken
und rechten Formelementbegrenzung zu erfassen sind. Zusätzlich
ist noch die Verschlüsselung des Querschnitttyps durch die Angabe der Eckenzahl vorzunehmen. Kreisquerschnitte haben dementsprechend die Eckenzahl Null.

In Kap. 4.2.4 wird an einem Beispiel die Verschlüsselung von
Fertigteilinformationen deutlich gemacht.

4.2.3   Erfassen von gekrümmten Konturen

Neben zylindrischen oder prismatischen Werkstückabschnitten
kommen auch solche mit Kreisquerschnitt und gekrümmter, konvexer
oder konkaver Kontur vor. Um diese Werkstückabschnitte genau
darstellen zu können, muß der Konturverlauf als Funktion von
Länge und Durchmesser bekannt sein. Nur in den wenigsten Fällen
wird diese Funktion aus der Zeichnung hervorgehen, wie es z. B.
bei Kreisen als Kontur der Fall ist. Aus diesem Grund wird auf
eine exakte, aber aufwendige mathematische Behandlung dieses
Komplexes verzichtet. Vielmehr ist im Rahmen der Verschlüsselung
der Werkstückdaten eine Aufteilung dieser Abschnitte in kegelige
Formelemente vorzunehmen. Wie in Bild 31 dargestellt ist, wird
also aus einem rotationssymmetrischen Abschnitt mit funktional
unbekannter Kontur eine Formelementfolge aus z. B. drei kegeligen Formelementen, die dann einzeln zu verschlüsseln sind. Die
notwendigen Maßangaben können ohne Schwierigkeiten der Zeichnung entnommen werden. Es ist bei der näherungsweisen Darstellung der jeweiligen Kontur durch die kegeligen Formelemente
darauf zu achten, daß die auf der Radialumformmaschine herzustel-
lenden Formelemente immer größer als das Fertigteil sind, d. h.
es muß für eine spanende Bearbeitung eine ausreichend bemessene
Zugabe vorhanden sein. Im übrigen kann diese Einteilung innerhalb bestimmter Grenzen je nach Gutdünken des Kodierers erfolgen; die Technologie der Maschine macht eine mit unvertretbar
hohem Aufwand verbundene exakte Darstellung des Werkstücks unnötig.

4.2.4   Vernachlässigen von Nebenformelementen

Bei der Verschlüsselung der für das Rechenprogramm notwendigen

Daten muß aufgrund der Technologie des Radialumformens die
Vernachlässigung nicht herstellbarer, sog. Nebenformelemente
vorgenommen werden. Als mit Nebenformelementen versehen sollen
solches Werkstückabschnitte bezeichnet werden, bei denen durch
eine weiterführende spanende Bearbeitung aus den geometriebil-
denden Hauptformelementen zusätzliche Funktionselemente wie
Fasen, Nuten, Verzahnungen, Gewinde usw. herausgearbeitet werden.

Die zu verschlüsselnden Hauptformelemente sind das Fertigteil um-
hüllende Körper, die hinsichtlich Querschnitt und Konturverlauf
den zugelassenen Formelementen entsprechen. Auch hier gilt der
Grundsatz, daß das Fertigteil immer "innerhalb" des RUM-Teils
zu liegen hat.

In Bild 10 wurde am Beispiel einer Schneckenwelle ein Bereich
der Verschlüsselung von Fertigteildaten zu Eingabedaten (den
Eingangsdaten) gezeigt. Ausgehend vom oben gezeichneten Fertigteil kommt man nach der Vernachlässigung der Nebenformelemente
und der Umwandlung von rotationsymmetrischen Abschnitten in
kegelige Formelemente zum . radialumzuformenden Werkstück
(Bild 10 unten). Das dazugehörige Eingabedatenformular ist als
Bild 32 zu sehen. Die direkte Dateneingabe in den Rechner erfolgt in diesem Fall über Lochkarten. Der gesamte Ablauf der
Eingangsdatenerstellung wird in Bild 33 verdeutlicht.

5   Anpassung der Werkstückdaten; Bearbeitungsent-
        scheidungen

Bis zur Eingabe der Daten in den Rechner mußten verschiedene
Arbeiten manuell erledigt werden: Aufstellen der Eingabedaten-
matrix, Vernachlässigen von Nebenformelementen, Erfassen von
gekrümmten Konturen. Alles weitere soll nun ohne Eingriff des
Menschen vonstatten gehen.

Die das Werkstück und damit die Fertigungsaufgabe betreffenden
Eingabedaten müssen an die technologischen Gegebenheiten und
Möglichkeiten des Verfahrens und der Maschine angepaßt werden.
Dazu gehört auch die Berücksichtigung von Zugaben, da ja nach
dem Radialumformen noch abgespant wird, besonders bei Verwendung der schon vorgestellten Universalwerkzeuge. Dieses letztere Problem macht auch die Umwandlung von kegeligen Formelementen in durch die Universalwerkzeuge herstellbare Formelemente notwendig. Diese beiden Aufgaben werden im Rahmen des
Programms von Unterprogrammen erledigt.

5.1   Abstufen kegeliger Formelemente

Mit dem Flachsattel als Werkzeugform können nur Formelemente
mit achsparalleler Kontur hergestellt werden. Kommen in der
Fertigteilzeichnung Formelemente mit kegeliger Form vor, so
müssen sie durch herstellbare Formelemente ersetzt werden.

Als herstellbare Formelemente kommen prismatische Formen mit
Quadrat, Achteck oder Sechzehneck als Querschnitt in Frage.
So wird also ein Kegelstumpf als Fertigteilformelement in eine
Reihe abgestufter "Ersatzformelemente" - Prismen mit sechzehn-
eckigem Querschnitt - umgewandelt.

Die geometrischen Abmessungen dieser Ersatzformelemente hängen
ab von:

            - den Werkzeugabmessungen, wobei hauptsächlich der
              Kantenradius des Flachsattels wichtig ist,
            - der Steigung und Länge des kegeligen Abschnitts.

Als Basis dieser Formelementumwandlung dient die Angabe einer
idealen Stufenhöhe h_i, die sich aus obigen Randbedingungen ergibt und dem jeweiligen Fall angepaßt werden kann. Mit der gesamten Steigungshöhe h_{ges} kann die Anzahl n der notwendigen
Stufen bestimmt werden:

$$n = \frac{h_{ges}}{h_i}$$

Die Anzahl der Stufen ist also von der Größe der Steigung der
kegeligen Kontur abhängig. Bei flacher Kontur (kleines h_{ges}) werden
weniger Ersatzformelemente benötigt, bei steiler Kontur (großes h_{ges})
ergibt sich eine größere Stufenanzahl. Auf diese Weise ist
auch eine hinreichend genaue Annäherung an die Fertigteilkon-
tur unter Berücksichtigung der technologischen Möglichkeiten
einerseits und der Vermeidung allzu großer Abfälle beim nachfolgenden Spanen andererseits gegeben.

Bei zu kleiner Steigung - es errechnet sich eine Stufenzahl $n < 1$ -
wird das gesamte kegelige Fertigteilformelement in ein zylin-
drisches Formelement umgewandelt.

Im allgemeinen ergibt sich für n kein ganzzahliger Wert. Das
Programm wählt in diesem Fall als reale Stufenzahl die nächstkleinere ganze Zahl aus. Mit diesem realen n_r kann nun eine
reale Stufenhöhe h_r angegeben werden:

$$h_r = \frac{h_{ges}}{n_r}$$

Die Längen der Ersatzformelemente können mit

$$l_E = \frac{l_{ges}}{n_r}$$

berechnet werden (Bild 34).

Die Schlüsselweiten der Ersatzformelemente, es handelt sich
bei den Querschnitten ja um Vielecke, unterscheiden sich jeweils um den doppelten Wert der realen Stufenhöhe h_r. Wie in

Bild 34 zu sehen ist, schließt sich das größte Ersatzform-
element an das benachbarte Formelement bei gleicher Schlüsselweite an. Es ist also hier eine Anpassung dieses Ersatzformele-
ments an den Querschnitt des Nachbarformelements vorzunehmen.

Nachdem eine vollständige Umwandlung des kegeligen Abschnitts
vorgenommen wurde, erfolgt die rechnerinterne Erweiterung der
Werkstückeingabedatenmatrix um die Daten der Ersatzformelemente.

5.2 Zugabenermittlung

Die Zugabenermittlung wird durch zwei Randbedingungen bestimmt:
1.) Das Fertigteil muß durch ein nachfolgendes Spanen aus dem
    RUM-Teil herausgearbeitet werden können.

2.) Die Funktionen der Radialumformmaschine laufen innerhalb
    bestimmter Genauigkeiten ab.

So ergeben sich Mindestzugaben aus den Genauigkeiten von Hub,
Hublagenverstellung und Vorschub. Die Höchstwerte der Zugaben werden durch die Forderung nach einer wirtschaftlichen
spanenden Fertigbearbeitung begrenzt.

Man unterscheidet axiale und radiale Zugaben, wobei beide Arten unterschiedlich bestimmt werden. Die jeweiligen Algorithmen wurden in Anlehnung an entsprechende DIN-Normen [53, 54]
und Empfehlungen aus der Praxis [55, 56, 57] aufgestellt. Sollte sich herausstellen, daß die vorgesehenen Toleranzen (ca.
IT 15) bei der Bearbeitung nicht eingehalten werden können, so
ist eine Anpassung der Algorithmen ohne Schwierigkeiten möglich.

Axiale Bearbeitungszugabe

Die axiale Bearbeitungszugabe z_a wird unabhängig von der Werkstücklänge mit einem festen Wert berücksichtigt. In unserem
Fall wird ein Wert z_a = 10 mm angenommen. Die beiden am Werk-
stückrand liegenden Formelemente müssen um z_a verlängert werden. Bei zwei benachbarten Formelementen mit unterschiedlichen
Durchmessern d bzw. Schlüsselweiten SW wird die axiale Zugabe

beim "größeren" Formelement auf beiden Formelementseiten zu
dessen Länge addiert und beim "kleineren" Formelement subtra-
hiert. Zusammen mit der radialen Bearbeitungszugabe bildet
die neue Werkstückkontur eine Hüllkurve über dem Fertigteil
(Bild 35).

Radiale Bearbeitungszugabe

Die radiale Bearbeitungszugabe z_r wird in Abhängigkeit vom jeweiligen Formelementdurchmesser bestimmt. Die Genauigkeit der
entstehenden Durchmesser hängt von den Faktoren Hubgenauigkeit
und Hublagenverstellgenauigkeit ab, die sich mit zunehmenden
Durchmessern verschlechtern. In Anlehnung an die Freimaßtole-
ranzen gemäß DIN 7168 ergibt sich die jeweilige radiale Bearbeitungszugabe indem 5 % des betreffenden Formelementdurch-
messers addiert werden. Diese Zugabe wird auf maximal 10 mm
nach oben und auf 3 mm nach unten begrenzt. Es ergibt sich also:

$$z_r = d \cdot 0,05 \qquad \text{für } 20 \text{ mm} \leq d \leq 80 \text{ mm}.$$

5.3 Kollisionsüberprüfung

Im Rahmen des Programmteils "Bearbeitungsentscheidungen" ist
zu prüfen, ob das Werkstück in der nun vorliegenden Form, d. h.
nachdem kegelige Formelemente abgestuft und Zugaben berücksichtigt wurden, auf der Radialumformmaschine mit den vorhandenen
Werkzeugen hergestellt werden kann. Dabei sind die Maße des
Werkstücks mit dem Arbeitsraum der Maschine und den Abmessungen des Werkzeugsatzes zu vergleichen. Beim Vorliegen von maß-
lichen Unvereinbarkeiten ist vom Programm eine geeignete Maßnahme zu treffen, d. h. das Werkstück wird ggf. so abgeändert,
daß die Bearbeitung möglich wird, ohne das endgültige - zer-
spante - Fertigteil aus den Augen zu verlieren.

In diesem Zusammenhang werden auch vom Programm Kollisionsbe-
trachtungen angestellt, wobei die zu treffenden Maßnahmen entweder im Rahmen des Steuersystems automatisch oder vom Personal

manuell vorgenommen werden müssen.

Die zur Verfügung stehenden Arbeitsmöglichkeiten werden durch
die Durchmesserangaben d_{min} und d_{max} bestimmt. Vom Programm
werden in diesem Fall die Maße des "kleinsten" und "größten"
Formelements zum Vergleich herangezogen: $d > d_{min}$ und $d < d_{max}$.
Weiterhin kann auch die Werkstücklänge l mit der durch den
möglichen gesamten Vorschub gegebenen Größe l_{max} verglichen
werden. Eine minimale Werkstücklänge l_{min} wird aufgrund einer
sicheren Spannmöglichkeit (siehe auch Kap. 7.1.5) vorausgesetzt:

$$l \geq l_{min} \quad \text{mit} \quad l_{min} = l_{Spann},$$
$$l \leq l_{max}.$$

Die Überprüfung der vorgestellten Bedingungen kann nur dann zu
einer positiven Fertigungsentscheidung führen, wenn es sich um
ein Unterschreiten von Minimalmaßen handelt. In diesen Fällen
werden die betreffenden Größen soweit vergrößert, daß eine Bearbeitung möglich wird, was natürlich zu einem erhöhten abschließenden Zerspanungsaufwand führt. Beim Überschreiten der
Maximalabmessungen kann eine Bearbeitung nicht vorgenommen werden.

Das Problem der Bearbeitungsentscheidungen kann umfassend
durch eine Kollisionsüberprüfung gelöst werden. Die Zusammenstellung der möglichen Kollisionen zeigt Bild 36. Die Berücksichtigung der verschiedenen Kollisionsmöglichkeiten erfolgt
entweder konstruktiv, steuerungstechnisch oder programmtechnisch. Die Zuordnung wird durch die in Bild 36 angegebenen
Ziffern vorgenommen.

Von vornherein durch konstruktive Maßnahmen wie Abstimmung der
Geometrien der Funktionselemente und deren Bewegungen werden
die Fälle Nr. 5, 6, 7 und 8 erfaßt. Die Fälle Nr. 1 und 3, die
Kollisionen zwischen Werkzeug und Werkstück während der Bearbeitung betreffen, werden im Rahmen von Steuerbefehlen ausge-
schaltet. So muß nach der Bearbeitung von tieferliegenden Formelementen vor der Vorschubbewegung stets vom Werkzeug eine Position angefahren werden, die eine unerwünschte Berührung zwischen

Werkzeug und Werkstück ausschließt.

Die Kollisionsgefahren Nr. 2 und 4 werden vom Programm berücksichtigt. Beim Fall Nr. 2 handelt es sich um die im vorhergehenden Kapitel erläuterte Überprüfung der Maximalabmessungen von
Werkstück und Arbeitsraum.

Von großer Bedeutung ist die Berücksichtigung der Kollisionsgefahr Nr. 4 (Werkzeug-Werkzeug), die beim gleichzeitigen Arbeiten mit vier Werkzeugen auftreten kann. Entsprechend Bild 37
kann es auf der Winkelhalbierenden zur Berührung der Werkzeugkanten kommen. Bei dieser Werkzeugstellung gilt dann:

$$\frac{d}{2} = \frac{b_W}{2} \quad \text{oder} \quad d = b_W$$

Die Kollisionsfall ist also vom jeweiligen Werkstückdurchmesser
d und der Werkzeugbreite b_W abhängig. Die Bedingung für ein Nichtauftreten dieser Kollision lautet demzufolge:

$$\frac{d}{2} > \frac{b_W}{2} \quad \text{oder} \quad d > b_W$$

Bei der Bestimmung der Bearbeitungsdaten wird dieser Fall geprüft und ggf. automatisch eine Veränderung der Werkstückabmessungen vorgenommen. Weitere Möglichkeiten sind: Verwendung eines anderen Werkzeugsatzes oder jeweils nur zwei gegenüberliegende Werkzeuge arbeiten gleichzeitig.

5.3.1   Bearbeitung von tieferliegenden Formelementen

Beim Auftreten von tieferliegenden Formelementen – ein solches
Formelement hat benachbart Formelemente mit größeren Abmessungen, ist jeweils zu prüfen – ob mit dem vorliegenden Werkzeugsatz eine Bearbeitung entsprechend den Eingabedaten möglich ist.

Wie in Bild 38 verdeutlicht wird, kann eine zu große Werkzeuglänge l_W einer Bearbeitung im Wege stehen, da ja im Rohteilzustand die Länge des herauszuarbeitenden tieferliegenden Formelements den Durchmesserverhältnissen entsprechend klein ist.
Die für das Werkzeug notwendige und mindestens der Werkzeuglänge l_W entsprechende Eingriffslänge ist möglicherweise nicht

gegeben. In diesem Fall wird das entsprechende Formelement mit
dem benachbarten nächstgrößeren Formelement verschmolzen. Es
erhält dessen Querschnitt und wird gemeinsam mit ihm herausgearbeitet. Der geplante Querschnitt des eingeschlossenen tieferliegenden Formelements muß in einer nachfolgenden spanenden
Bearbeitung hergestellt werden. Die Überprüfung dieser Sachla-
ge und die ggf. notwendige Berücksichtigung bei der Rohteilbestimmung -es wird nun "mehr" Werkstoff benötigt -erfolgt
automatisch vom Programm.

Zur Berechnung der zur Verfügung stehenden Eingriffslänge l_2
wird der Quotient der Querschnittsflächen des eingeschlossenen
(A_1) und des nächstgrößeren benachbarten Formelements (A_2) sowie die Länge l_1 des vorgesehenen eingeschlossenen Formelements
nach dem Radialumformen benötigt. Es gilt:

$$l_2 = \frac{A_1}{A_2} \cdot l_1$$

Ist die Bedingung

$$l_2 \geqq l_W$$

erfüllt, so ist das Bearbeiten des eingeschlossenen Formelements
möglich. Falls dies nicht der Fall ist, so gibt es zwei Möglichkeiten, die Bearbeitung weiterzuführen:

1. Man kann den Durchmesser des betreffenden eingeschlossenen
   Formelements so wählen, daß $l_2 = l_W$ wird. Dieses Formelement
   bekommt also einen dementsprechend größeren Fertigteildurch-
   messer, ist aber immer noch ein "eingeschlossener" Werkstück-
   abschnitt.

2. In unserem Fall wird das eingeschlossene Formelement mit
   dem nächstgrößeren benachbarten Formelement verschmolzen. Bei
   dieser bearbeitungstechnisch einfacheren Möglichkeit kommt
   es zu einer Reduzierung der Formelementzahl.

5.3.2 Prüfung der Seitenlänge des Formelementquerschnitts

Die Herstellung der betreffenden Formelemente mit dem gegebe-
nem Werkzeugsatz ist nur dann möglich, wenn die Seitenlänge
des jeweiligen Formelementquerschnitt kleiner oder mindestens
gleich der Werkzeugbreite ist. Es muß also entsprechend Bild 39

gelten:

$$a \leqq b_W.$$

Diese Überprüfung wird für alle Formelemente vorgenommen. Bei
zu großer Seitenlänge folgt eine Verdoppelung der Eckenzahl
des Vieleckquerschnitts: So wird z. B. aus einem Achteck ein
Sechzehneck mit kleinerer Seitenlänge. Der Umkreisradius R
wird zum Inkreisradius r des neuen Sechzehnecks. Auf diese
Weise sind die weiteren Maße einfach zu bestimmen. Der Drehwinkel des geänderten Formelements wird mit 0° angenommen.

Auch in diesem Fall muß natürlich der gewünschte Endquerschnitt
des Fertigteils durch Spanen hergestellt werden, wobei nur un-
wesentlich mehr Abfall entsteht. Im Vordergrund steht hier jedoch die Bearbeitung auf der Radialumformmaschine, d. h. eine
Bearbeitung soll im Rahmen der durch die Maschine, Werkzeuge
und Technologie gegebenen Randbedingungen ermöglicht werden,
was durch die beschriebene Änderung der Eingabedaten geschieht.

5.3.3 Programminterne Erfassung der geänderten Werkstückdaten

Nach der Eingabe der Werkstückdaten in den Rechner, entweder
über Lochkarten oder Tastenfeld, werden diese in einer Datenmatrix gespeichert. Jeweils nach Erledigung der einzelnen Aufgaben des Programmsystems kommt es zu einer Neubelegung der Werkstückdatenmatrix. Dabei werden entweder automatisch neue Zeilen
vorgesehen, was nach der Abstufung der kegeligen Formelemente
durch neu hinzukommende Ersatzformelemente nötig wird, oder
bestimmte Zeilen werden gelöscht, wenn es zu einer Verschmel-
zung mehrerer Formelemente infolge technologischer Unverträglichkeiten gekommen ist.

Auf diese Weise entsteht die Werkstückdatenmatrix, die die
aktuellen Daten des auf der Radialumformmaschine herstellbaren,
technologisch optimierten Teils enthält und für die weiteren
Berechnungen benötigt wird.

6 Rohteilbestimmung

Im Rahmen der automatischen Arbeitsablaufermittlung soll auch
eine Rohteilbestimmung vorgenommen werden. Die genauen Geometriedaten des Rohteils werden vom System zur weiteren Ermittlung der Funktionen und Bewegungen benötigt. Gleichzeitig soll
der Gesichtspunkt der Optimierung auch hier zum Tragen kommen.
Das für den jeweiligen Bearbeitungsfall zu ermittelnde Rohteil
soll mit Hilfe der Randbedingungen, die durch das Fertigteil
und den zur Verfügung stehenden Rohteilvorrat gegeben sind,
unter Berücksichtigung der technologischen Möglichkeiten der
Radialumformmaschine bestimmt werden.

Die bestehenden automatischen Arbeitsplanungssysteme aus dem
Bereich der spanenden Fertigung besitzen nur zu einem kleinen
Teil integrierte Rohteilbestimmungsprogramme, obwohl man in-
zwischen erkannt hat, daß teilweise die durch die Automatisierung der übrigen Funktionen gegebenen Vorteile aufgrund der
manuellen und oft unzweckmäßigen Rohteilauswahl wieder ver-
loren gehen. Ein umfassendes Arbeitsplanungssystem soll also
neben der rein geometrischen Berechnung des Rohteils, in Verbindung mit dem in einer aktuellen Rohteildatei niedergelegten Lagerbestand eine optimale Auswahl des Rohteils vornehmen.

Die Rohteilherstellung, d. h. das Ablängen der betreffenden
Abschnitte durch Sägen oder Abscheren wird außerhalb der Bearbeitungseinheit vorgenommen und im Rahmen dieser Arbeit nicht
betrachtet.

In den nachfolgenden Abschnitten soll der im Rahmen des Programmsystems PRORUM vorgesehene Weg hin zum optimierten Rohteil
dargestellt werden.

6.1 Auswahl des Rohteilquerschnitts

Die Geometrie eines Rohteils wird durch Querschnittsform, Durchmesser bzw. Kantenlänge und Länge bestimmt. Der Werkstoff soll
nicht Gegenstand der weiteren Betrachtung sein, er wird hier
als feste, vorgegebene Größe angesehen. Es wird weiter davon

ausgegangen, daß aus technologischen Gründen als Rohteilquerschnitt nur Kreise oder Quadrate vorkommen können.

Ausschlaggebend für die Auswahl des jeweiligen Querschnitts
ist das hinsichtlich Durchmesser bzw. Schlüsselweite "größte"
Formelement des radialumzuformenden Werkstücks (RUM-Teil).
Bei Vorhandensein eines umfangreichen Rohteillagers kann nun
ggf. davon ausgegangen werden, daß als Rohteilquerschnitt
genau der Querschnitt des größten RUM-Teil-Formelements vorhanden ist, dieser Abschnitt müßte dann nicht mehr bearbeitet werden. In diesen Fällen, wobei wiederum als Rohteilquerschnitt entweder Kreis oder Quadrat vorkommen werden, ergeben
sich folgende Möglichkeiten:

	Querschnitt des "größten" Formelements	Rohteilquerschnitt
1	Sechzehneck	Kreis
2	Achteck	Quadrat
3	Quadrat	Quadrat

Es muß also nur im zweiten Fall das größte Formelement durch
Radialumformen erzeugt werden.

In unserem Fall soll jedoch nicht davon ausgegangen werden,
daß auf ein gut sortiertes Rohteillager zurückgegriffen werden kann. Der Rohteilquerschnitt wird hier auf der Basis geometrischer Gegebenheiten bestimmt.

Als Kriterium für die Wahl des jeweiligen Rohteilquerschnitts
dient der Vergleich zwischen Werkzeugbreite und Seitenlänge
des größten Formelementquerschnitts (Bild 40).

Falls die Werkzeugbreite größer ist, kann das betreffende Formelement bezüglich der Vieleckseiten bearbeitet werden; der Rohteilquerschnitt wird quadratisch. Im anderen Fall wird ausgehend vom Rohteilquerschnitt Kreis der Querschnitt des größten
Formelements über Zwischenquerschnitte erzeugt.

6.2 Berechnung von Durchmesser und Länge

Die Bestimmung der Rohteilgeometrie gestaltet sich aufgrund der
bestehenden Volumenkonstanz beim Radialumformen zwischen Rohteil und RUM-Teil sehr einfach (Bild 41).

Das Volumen des RUM-Teils, also nach dem Hinzufügen von Zugaben, dem Abstufen kegeliger Formelemente oder dem Verschmelzen
mehrerer Formelemente, ergibt sich durch Addition der einfach
zu berechnenden Volumina der einzelnen Formelemente. Der Durchmesser eines kreiszylindrischen Rohteils ist gleich dem Umkreis-
durchmesser des Vieleckquerschnitts des größten Formelements.
Die Kantenlänge eines quaderförmigen Rohteils mit Quadratquer-
schnitt entspricht der Schlüsselweite des betreffenden Formelements.

Mit Hilfe der bereits festgelegten Größen Durchmesser oder Kantenlänge des Rohteilquerschnitts ergibt sich die Länge des Roh-
teilabschnitts durch Division von Gesamtvolumen und Querschnittsfläche.

6.3 Aufbau einer Rohteildatei

Die Gesamtheit aller Informationen, die zur Beschreibung der
im Rohteillager vorhandenen Werkstücke dienen sollen, und zu
denen das Programmsystem Zugriff haben muß, werden in einer
Rohteildatei abgespeichert. Es muß eine Ordnung der Daten hinsichtlich

- Werkstoff,
- Querschnitt,
- Durchmesser bzw. Kantenlänge,
- Länge.

erfolgen.

Wichtig ist die permanente Aktualisierung der Daten, d. h. falls
ein bestimmtes Rohteilmaß nicht mehr vorhanden ist, muß sofort
ein Löschen dieses Maßes erfolgen.

Die Datei soll entsprechend Bild 42 wie eine Matrix aufgebaut
sein. Es werden nur Zahlenwerte gespeichert, so daß z. B. die
Werkstoffe durch Werkstoffkennziffern angegeben werden. Eine
Zeile der Datenmatrix enthält spaltenweise angeordnet an
erster Stelle die Werkstoffkennziffer, dann die Querschnitt-
kennziffer, den Durchmesser und zuletzt die Gesamtlänge des
vorhandenen Abschnitts.

Im Rahmen eines Programmes kann nun auf einfache Weise jeder
beliebige Platz dieser Matrix aufgerufen und die dort befind-
liche Zahl zur Weiterverarbeitung verwendet werden. Neue Roh-
teilsorten sind durch Hinzufügen von Zeilen in die Datei aufzu-
nehmen. Die Speicherung dieser Rohteildatei kann entweder auf
Lochkarten oder einem Plattenspeicher erfolgen.

6.4 Möglichkeiten der Rohteiloptimierung

Durch eine Rohteiloptimierung soll erreicht werden, daß

a.) die Bearbeitung auf der Radialumformmaschine minimiert und
b.) ein vorhandener Rohteilvorrat genützt wird.

Zu a.):
Die Auswahl der Rohteilgeometrie erfolgt so, daß das vom Durchmesser her größte Formelement die Rohteilmaße hinsichtlich Querschnitt bzw. Kantenlänge bestimmt. In diesem Fall kann die Span-
zugabe so gewählt werden, daß ein im Vorrat vorhandener Rohteildurchmesser erreicht wird. Falls ein bestimmtes Rohteil
nicht gelagert wird, vergrößert sich der Rohteildurchmesser
bis zum nächsten vorhandenen Rohteiltyp. Die Abschnittlänge
verkleinert sich dann dementsprechend. Ein vorhergehendes Ab-
drehen oder Fräsen des Rohteils auf ein gewünschtes Maß soll
aus zeitlichen und organisatorischen Gründen ausgeschlossen
werden.

Zu b.):
Bei der Abfrage der Rohteildatei nach einem bestimmten Rohteil
können drei verschiedene negative Meldungen erfolgen:

- Werkstoff nicht vorhanden,
- Durchmesser und Querschnitt nicht vorhanden,
- Länge nicht vorhanden.

Im ersten Fall ist manuell zu prüfen, ob überhaupt ein Alternativwerkstoff zugelassen ist. Falls dies der Fall ist, wird anhand einer Werkstofftabelle die entsprechende neue Kennziffer ausgewählt.

Beim zweiten und dritten Fall werden automatisch zweckmäßige und mögliche Alternativen unter Berücksichtigung eventueller Folgemaßnahmen angegeben. Dieser Sachverhalt kann am besten mit Hilfe des Ablaufdiagramms in Bild 43 verdeutlicht werden.

Bei negativer Beantwortung der Frage nach einem bestimmten Durchmesser in einem bestimmten Querschnitt wird der Durchmesser vergrößert und erneut abgefragt. Die Rohteillänge ist in diesem Fall neu zu berechnen. Dieser Vorgang wird so lange wiederholt, bis eine positive Antwort erfolgt. Nun wird geprüft, ob die entsprechende Länge gespeichert ist. Eine positive Antwort macht eine Bearbeitung unter Berücksichtigung der aktuellen Rohteildaten möglich. Ist die gewünschte Länge nicht vorhanden, so wird ebenfalls eine Durchmesservergrößerung vorgenommen und die weiteren Abfragen laufen wie oben angegeben ab.

Falls die Maße des endgültig ausgewählten Rohteils stark von den anfangs berechneten abweichen, muß ggf. auch das größte Formelement auf der Radialumformmaschine bearbeitet werden, wobei zu prüfen ist, ob insgesamt die Bearbeitung, der Anteil Radialumformen und das nachfolgende Zerspanen, nicht unwirtschaftlich groß wird. Dieser Programmteil kann so aufgebaut werden, daß ein Eingriff des Personals zur Entscheidung dieser Frage möglich wird.

Wie in Kap. 3.4.1 dargestellt wurde, kann die gesamte Arbeitsablaufermittlung in die Bereiche Bearbeitungsfolge und Bearbeitungsparameter unterteilt werden. Auch die Definitionen
der Bearbeitungsfolge und der unterschiedlichen Bearbeitungszyklen können im oben angegebenen Kapitel nachgelesen werden. Im Folgenden soll nun zuerst auf die Zielgrößen des Bereichs Bearbeitungsfolge - die Bearbeitungszyklen Radialumformen, Formelement und Formelementfolge - auch im Hinblick
auf ihre programmtechnische Erfassung näher eingegangen werden.

7.1   Bearbeitungsfolge

7.1.1   Bearbeitungszyklus   "Radialumformen"

Das Abarbeiten des Rohteils bis zu den Maßen des vom Programm
bestimmten RUM-Teils kann aufgrund der technologischen Möglichkeiten der Maschine auf verschiedene Weise vor sich gehen. Für
die Reihenfolge der Funktionen Hub, Zustellung, Vorschub und Drehung kann, ohne Rücksicht auf technologische Unvereinbarkeiten,
eine große Anzahl von Varianten angegeben werden. Nur eine
kleine Auswahl dieser Varianten wird als sinnvoll angesehen
und zu weitergehenden Betrachtungen herangezogen.

In Bild 44 sind vier Varianten symbolisch dargestellt. Ausgehend
von einem Anfahren der Referenzpunkte, die vom Programm vorge-
geben werden und je nach Fertigungsaufgabe unterschiedlich sind,
können bis zum Erreichen der Endmaße die angegebenen Funktions-
folgen zur Anwendung gelangen.

Es hat sich nun gezeigt, daß es unzweckmäßig ist, einem Algorithmus die Auswahl einer der Fertigungsaufgabe angepaßten Funktionsfolge zu überlassen. Der programmtechnische Aufwand für eine
zeitliche Optimierung ist viel zu groß; außerdem müßten alle
Geschwindigkeiten und Beschleunigungen der verschiedenen Antriebe bekannt sein, was erst nach vollständiger Inbetriebnahme der Anlage möglich ist.

Wesentlich weniger Aufwand erfordert die Festlegung einer
technologisch sinnvollen Variante auf der Basis zweckmäßiger
Kriterien.

In Anlehnung an Überlegungen aus dem Gebiet des Freiformens
[50] lassen sich folgende Kriterien formulieren:

1. Es soll nicht "zuviel" Werkstoff auf einmal umgeformt werden, d.h. ein schrittweises Durchmesserreduzieren ist wegen des günstigeren Werkstoffflusses anzustreben.

2. Das Auftreten von zu großen Durchmesserunterschieden während der Bearbeitung muß vermieden werden. Bei weiterer
   Bearbeitung könnten so Wulstbildungen entstehen.

3. Der Umfang eines Werkstücks soll gleichmäßig umgeformt werden, es müssen symmetrische Zwischenformen entstehen.

Weiterhin kann hinsichtlich einer zeitlichen Optimierung noch
gefordert werden:

4. Leerwege sind zu vermeiden.

5. Funktionen mit wenig Zeitbedarf - große Geschwindigkeiten
   bzw. Beschleunigungen - sind vorzuziehen.

In Bild 45a ist die Problematik des vierten Kriteriums dargestellt. Dieser Teil des Bildes zeigt einen Bearbeitungszyklus,
bei dem durch umfangreiche Leerwege (Leervorschub) große zeitliche Verluste entstehen. Im verbesserten Zyklus (Bild 45b)
wurde eine zweckmäßige Funktionsfolge ausgewählt.

Die Überprüfung der vier Zyklusvarianten in Bild 44 zeigt, daß
die Variante 1 als die technologisch optimale angesehen werden muß und aus diesem Grunde auch bei der Radialumformmaschine
angewandt wird. In Variante 1 wird schrittweise vom Rohteildurchmesser auf den Enddurchmesser heruntergearbeitet. Mit der
eingestellten Zustellung kommt es durch Drehung zur Umformung
des gesamten Umfangs. Danach wird nach einer Vorschubbewegung
wiederum der gesamte Umfang bearbeitet. Dieser Vorgang wird so-

lange wiederholt, bis die gewünschte Länge erreicht ist. Mit
neuer Zustellung erfolgt nun der oben beschriebene Ablauf mit
Vorschub in entgegengesetzter Richtung. Diese Funktionsfolge
wird bis zum Erreichen des vorgegebenen Enddurchmessers fort-
gesetzt. Auf die beschriebene Art und Weise kommt es zu einer
schrittweisen Umformung des Werkstücks; es entstehen keine
großen Durchmesserunterschiede, die dann ausgeglichen werden
müssen. Der Kraftbedarf pro "Stich" ist nicht zu groß.

Dieser Bearbeitungszyklus wird im Rahmen des Maschinensteuer-
programmes vom Prozeßrechner bereitgestellt und - ergänzt durch
die Daten der weiteren Zyklen und der Bearbeitungsparameter -
abgearbeitet.

7.1.2 Bearbeitungszyklus "Formelement"

Das Teilespektrum für die Radialumformmaschine läßt für die
Formelemente folgende Querschnittsformen zu:

Fertigteil - Kreis, Achteck, Quadrat;
RUM-Teil   - Sechzehneck, Achteck, Quadrat.

Als Rohteilquerschnitte können Kreis und Quadrat vorkommen.

Es sind nun, basierend auf der technologischen Grundbedingung,
daß jeweils Querschnitte entstehen müssen, die zwei im Quer-
schnittmittelpunkt aufeinander senkrechtstehende Symmetrieachsen
besitzen, die betreffenden Zwischenformen beim Abarbeiten des
Rohteils zu finden. Die Betrachtung der geometrischen Gegebenheiten soll am Beispiel "Kreis - Quadrat" erläutert werden.

Als Ausgangs- bzw. Rohteilform ist ein Kreiszylinder vorgesehen.
Die Bearbeitung soll soweit wie möglich mit vier Werkzeugen vorgenommen werden; nur bei der Zwischen- bzw. Endform Quadrat
ist ein paarweise alternierendes Arbeiten der Werkzeuge aus
Kollisionsgründen notwendig. Die Reihenfolge wird in Bild 46 anhand
der Zahlen deutlich.

Als erste Form nach der Rohteilform erhält man die sog. Vorstufe 1, einen Querschnitt mit gerader und runder Begrenzung. Über Achteck, Quadrat, Vorstufe 2 (ein "Achteck" mit ungleichen Seiten), wiederum Achteck, kommt man zur gewünschten Endform, dem Quadrat. Die vorgestellte Reihenfolge zeigt, daß jeweils Querschnitte erreicht werden, die zwei aufeinander senkrechte Symmetrieachsen besitzen, wodurch die technologische Grundbedingung erfüllt wird, daß die Wirkungslinien der Kräfte durch den Mittelpunkt des Querschnitts gehen müssen. Unzulässige Momente, die eine Torsion des Werkstücks hervorrufen würden, werden vermieden.

Ähnliche Betrachtungen wie beim obigen Beispiel wurden auch bei den anderen Möglichkeiten angestellt und in Bild 47 zusammengefaßt.

Man sieht an dieser Darstellung die auf der oben angegebenen technologischen Grundbedingung basierenden Zwischenformen. Ausgehend vom links gezeichneten Zwischen- bzw. Ausgangsquerschnitt findet man in der betreffenden Spalte "Endquerschnitt" diagonal angeordnet die notwendige Reihenfolge. Die nur beim Fall "Kreis" als Ausgangsquerschnitt vorkommende Vorstufe 1 (siehe dazu Bild 46) ist nicht aufgeführt. Beim vorzeitigen Erreichen vorgegebener Endquerschnitte sind Abzweigungen von der angegebenen Folge möglich.

Bei der Betrachtung sämtlicher geometrischer Möglichkeiten hat sich ergeben, daß immer das regelmäßige Achteck als Zwischenform auftaucht und alle weiteren Formen aus ihm hergestellt werden können. Die Bestimmung der Einzelparameter Zustellung und Drehung, die sich nach dem jeweiligen Bearbeitungszyklus Formelement richtet, nimmt darauf Rücksicht und wird das Achteck als notwendige Zwischenform bei der stufenweisen Parameterberechnung zum Ergebnis haben.

Der folgende Abschnitt wird zeigen, daß die oben vorgestellten Zyklen nicht in allen Fällen eingehalten werden können. Besondere Gegebenheiten machen Abweichungen von diesen Folgen notwendig. Das Programm prüft automatisch diese Fälle und trifft die entsprechenden Maßnahmen.

7.1.3 Zwischenbearbeitungsstufen

In einer sog. Zwischenbearbeitungsstufe wird ein Querschnitt
erzeugt, dessen Maße von dem Querschnitt abweichen, der dem Bearbeitungszyklus - Formelement - nach erreicht werden müßte.
In einer sich anschließenden Stufe wird dieses Formelement dann
fertig bearbeitet.

Es lassen sich vier Fälle unterscheiden, die Zwischenbearbeitungsstufen notwendig machen:

1. Der als Begrenzung vorgegebene Umformgrad φ wird bei der
   Herstellung eines Folgequerschnitts überschritten.

2. Es bestehen sehr große Maßunterschiede zwischen Rohteilquerschnitt und zu erzeugendem Formelementquerschnitt. Ein
   mehrmaliges, unzweckmäßiges Durchlaufen des Bearbeitungs-
   zyklus-Formelement wäre notwendig.

3. Das betreffende Formelement ist gegenüber benachbarten
   Formelementen um einen bestimmten Winkel gedreht (Bild 48
   oben).

4. Zwei benachbarte Formelemente überschneiden sich im Querschnitt teilweise (Bild 48 unten).

Es zeigt sich bei dieser Betrachtung, daß die einzelnen Formelemente nicht isoliert betrachtet werden dürfen, sondern bei
der Bearbeitung auf die benachbarten, möglicherweise größeren
Formelemente Rücksicht genommen werden muß, da ja deren Querschnitt als Ausgangsquerschnitt für das betreffende Formelement gilt.

Ein zweckmäßiger Zwischenquerschnitt ist das regelmäßige Achteck ohne Winkeldrehung, denn

    - die meisten Querschnitte mit und ohne Winkeldre-
      hung lassen sich in <u>einer</u> nachfolgenden Bearbei-

tungsstufe herstellen;

- Der werkstoffflußbedingte anzustrebende hohe
  Überdeckungswinkel zwischen Werkzeugen und Werkstück beträgt beim Arbeiten mit vier Werkzeugen
  180° im Gegensatz zum Sechzehneck mit 90°.

Aus einem Achteck ohne Winkeldrehung lassen sich ohne weitere
Zwischenbearbeitungstufen herstellen (Bild 49):

- Quadrat mit 0°, 22.5°, 45° und 67.5° Drehung;

- Achteck mit 0° und 22.5° Drehung;

- Sechzehneck (tritt nur als Querschnitt ohne Drehung
  auf).

Bei den restlichen Formelementen mit Winkeldrehung

- Quadrat mit 11.25°, 33.75°, 56.25° und 78.75° Winkeldrehung;

- Achteck mit 11.25° und 33.75° Drehung

kann der Querschnitt über eine weitere Zwischenform mit Sechzehneck als Querschnitt erzeugt werden.

Vom Programm werden die betreffenden Fälle besonders erfaßt,
und bei der Bestimmung der hier maßgebenden Parameter Zustellung und Drehung berücksichtigt.

7.1.4 Bearbeitungszyklus "Formelementfolge"

Das Werkstück entsteht aus einem Rohteil, dessen Volumen dem
Volumen des radialumgeformten Teils entspricht. Der Rohteil-
querschnitt muß mindestens gleich groß sein wie der größte
Formelementquerschnitt. Da das Rohteil auf der einen Seite im
Manipulator gespannt wird, muß es in der Regel während der Be-
arbeitung einmal umgespannt werden.

Aus Gründen eines zweckmäßigen Werkstoffflusses kann für die
Bearbeitungsfolge die Grundbedingung angegeben werden, daß

zuerst der größte Querschnitt und dann jeweils der nächstkleinere bearbeitet wird. Diese Bearbeitungsfolge kann nur bei Werkstücken mit einseitig abfallenden Querschnitten entsprechend Bild 7 eingehalten werden. Bei den anderen Werkstücktypen würde bei strenger Einhaltung der obigen Grundbedingung eine grosse Anzahl an Leerwegen entstehen. In diesen Fällen wird abschnittsweise eine Bearbeitung von benachbarten, größenmäßig abfallenden Querschnitten vorgenommen. Als Kriterium bei der Bestimmung der Bearbeitungsfolge werden jeweils der abschnittsmäßig größte Querschnitt und die links und rechts davon gelegenen kleineren Formelemente herangezogen. Unter Anwendung der obigen Bedingung werden die links, rechts oder zwischen den größten Formelementen liegende Abschnitte zusammenhängend bearbeitet.

Anhand von Bild 50 soll dies näher erläutert werden. Für die Wahl des ersten Bearbeitungsabschnitts wird der Größenunterschied der Querschnitte der Formelemente Nr. 2 und 4 herangezogen. Ein zweckmäßigerer Werkstofffluß ist gegeben, wenn im ersten Abschnitt (Spannlage 1) die Formelemente Nr. 3 bis 6 bearbeitet werden, und nach dem Umspannen (Spannlage 2) die Formelemente Nr. 1 und 2. Nachdem das Rohteil eingespannt ist, werden die Volumina der Formelemente Nr. 4 bis 6 auf den Querschnitt von Formelement Nr. 4 umgeformt. In unserem Beispiel wird angenommen, daß der Querschnitt des Formelements Nr. 3 dem Querschnitt des Rohteils entspricht und nicht bearbeitet wird. Dann wird das Volumen der Formelemente Nr. 5 und 6 auf den Querschnitt von Formelement Nr. 6 bearbeitet. Anschließend wird Formelement Nr. 5 fertig bearbeitet. Das Werkstück wird nun gewendet und am bisher freien Ende eingespannt. Die Formelemente Nr. 2 und 1 werden auf den Querschnitt von Formelement Nr. 1 umgeformt. Im letzten Bearbeitungsschritt erfolgt die Fertigbearbeitung von Formelement Nr. 2.

Das Programm ermittelt mit Hilfe von Durchmesservergleichen zusammenhängende und gemeinsam zu bearbeitende Werkstückabschnitte und gibt als Resultat die zweckmäßige Bearbeitungsfolge an.

7.1.5 Zusatzhandhabungen

Neben den unmittelbar zum Arbeitsfortschritt beitragenden Funktionen wie Vorschub und Zustellung, muß im Rahmen der Bearbeitungsfolge auch das hier als Zusatzhandhabung bezeichnete Spannen der Werkstücks an die Fertigungsaufgabe angepaßt werden.

Ausgehend von den in Kap. 2.1.2 definierten Werkstücktypen wird die Bestimmung der im allgemeinen zwei Spannlagen vorgenommen.

Wie in Bild 51 zu sehen ist, wird als Kriterium die größte Formelementschlüsselweite herangezogen. Alle Formelemente, die links vom größten Formelement liegen, einschließlich dieses Formelements selbst, bleiben in der ersten Spannlage unbearbeitet. Sie werden nach dem Wenden des Werkstücks umgeformt. Das Spannen des Werkstücks in der ersten Spannlage erfolgt auf dem Rohteildurchmesser, in der zweiten Spannlage wird mit einer gesonderten Überprüfung eine geeignete Spannstelle auf einem der zuerst fertig bearbeiteten Formelemente bestimmt.

Zur Bestimmung der Spannfolge können neben der einfachen Festlegung, daß zuerst alle Formelemente, die rechts vom größten Formelement liegen, bearbeitet werden, auch andere Kriterien herangezogen werden.

So kann geprüft werden, ob das Gewicht des links oder rechts vom größten Formelement liegenden Abschnitts größer ist. Aus Stabilitätsgründen wird dann in der ersten Spannlage der Abschnitt mit dem größeren Gewicht bearbeitet. Noch weitergehende Unterscheidungen anhand von Längen/Durchmesser-Verhältnissen lassen eine genauere Spannfolgebestimmung zu, sind jedoch mit sehr hohem Programmieraufwand verbunden.

Die Bestimmung der Bearbeitungsdaten wird programmtechnisch dann unter der Annahme gelöst, daß das Werkstück in der ersten Spannlage nur aus dem rechts vom größten Formelement liegenden Abschnitt besteht, die Daten hierzu werden nach den bestehenden Algorithmen berechnet. In der zweiten Spannlage wird diese Betrachtung für die restlichen, noch nicht bearbeiten Formelemente vorgenommen. Für die Maschinenparameter müssen die sich aufgrund obiger Verhältnisse ändernden Vorschubgrößen aktualisiert werden.

Zur genauen Bestimmung des Formelements auf dem in der zweiten Spannlage gespannt werden soll, erfolgen Vergleiche von Formelementschlüsselweite und -länge mit den minimalen bzw. maximalen Spannabmessungen der Spannzangen. Bei geometrischen Unverträglichkeiten muß ggf. das zweite oder dritte Formelement zum Spannen benützt werden.

Weitere Zusatzhandhabungen wie Werkstück- oder Werkzeugwechsel sowie Meß- oder Prüfvorgänge sollen im Rahmen dieser Arbeit nicht berücksichtigt werden.

7.2 Bearbeitungsparameter

Nachdem nun abhängig von der jeweiligen Bearbeitungsaufgabe festgelegt wurde, in welcher zweckmäßigen Reihenfolge das formelementweise Herausarbeiten des RUM-Teils geschehen soll – sowohl zum Erzeugen des Querschnitts als auch der Formelementfolge – , soll nun die Bestimmung der die Maschinenfunktionen beschreibenden Parameter erfolgen.

Die Zentraleinheit der Radialumformmaschine liefert bei der Krafteinleitung in das Werkstück die Größen Arbeitshub und Zustellung. Der Arbeitshub wird durch die laufende Ausnutzung des vollen Zylinderhubs ("Arbeiten gegen festen Anschlag") als feststehende Größe angesehen und bedarf keiner weiteren Berechnung. Die Durchmesserveränderung wird durch entsprechende Hublagenverstellung erreicht; dies ist die Zustellung.

Der Manipulator positioniert das Werkstück an der Werkzeugwirkungsstelle durch die Bewegungen Vorschub und Drehung. Die zur Erzeugung achsparallel abgesetzter Abschnitte notwendige Einstellung einer Exzentrizität der Spannzange wird im Rahmen dieser Arbeit nicht weiter betrachtet.

Sämtliche Parameter werden im Rahmen des Programmsystems
PRORUM in Unterprogrammen bestimmt, wobei auf der Basis der
Eingabedaten - der Fertigteildaten - eine weitestgehende
Optimierung erfolgen wird.

7.2.1 Vorschub

Ein theoretischer, maximaler Vorschub kann auf der Basis der
Werkzeugabmessungen angegeben werden. Unter der Voraussetzung,
daß das Werkzeug eine Länge l_W besitzt und die Werkzeugkanten
mit den Radien r abgerundet sind, ergibt sich:

$$s_{max} = l_W - 2 \cdot r.$$

Dieser maximale Vorschub s_{max} kann jedoch nicht immer voll ausgenutzt werden, wie Untersuchungen beim Recken ergeben haben
[50].

Wie in [40] gezeigt wird, hängt die Durchschmiedung des Werkstücks vom Verhältnis Bißbreite l_B zu Werkstückhöhe h ab.
Aus diesem Grund muß bei Verhältnissen $l_W/h \leq 1$ mit sehr kleinen Vorschüben gearbeitet werden; bei $l_W/h > 1$ kann ein größe-
rer Vorschub angewandt werden.

In [50] ist angegeben, daß die Formänderungsverteilung im Werkstück um so gleichmäßiger ist, je kleiner der Vorschub und
damit das Verhältnis l_B/h ist. Es werden l_B/h-Werte zwischen
0,35 und 0,5 empfohlen.

Da beim Radialumformen vom Arbeiten mit vier Werkzeugen ausgegangen wird, wodurch eine günstigere Durchschmiedung des
Werkstücks erreicht wird (siehe hierzu Bild 2A im Anhang),
können die oben angegebenen Richtwerte hinsichtlich des Vorschubs erhöht werden. Im Rahmen von Versuchen ist dieser Sachverhalt noch genau zu prüfen.

Zur Ausarbeitung der Algorithmen, mit denen im Programm die Vorschubgrößen berechnet werden, kann nun in Anlehnung an die
oben gemachten Aussagen entweder ein Einzelvorschub gewählt

werden, dessen ganzzahliges Vielfaches der betreffenden Formelementlänge nach der Bearbeitung unter Berücksichtigung der Längung entspricht oder es wird ein konstanter Einzelvorschub bestimmt, so daß bei der Bearbeitung für die gesamte Formelementlänge eine ganzzahlige Anzahl dieses Einzelvorschubs plus einem verbleibenden kleineren Vorschubanteil notwendig ist.

Wenn man davon ausgeht, daß eine mittlere Formelementhöhe von $h = 80$ mm im Rahmen unseres Teilespektrums vorkommen kann, so führt das wegen der günstigeren Durchschmiedung des Werkstücks bei $l_W/h > 1$ auf Werkzeuglängen von mindestens $l_W = 80$ mm. Die weitere Anwendung der oben vorgeschlagenen Bedingungen ergibt nach [50] mit $l_B/h = 0,5$ Bißbreiten von $l_B = 40$ mm.

Eine Anpassung dieser Größen an die bei der Bearbeitung wirklich vorherrschenden Verhältnissen erfolgt durch eine geänderte Dateneingabe.

7.2.2   Berücksichtigung der Längung

Beim Radialumformen fließt der bei der Durchmesserverkleinerung verdrängte Werkstoff zum größten Teil in die Länge. In unserem Fall wird diese Aussage folgendermaßen idealisiert: Das gesamte verdrängte Werkstoffvolumen führt zur Längung des Werkstücks.

Bei der rechnerischen Bestimmung der Vorschubgrößen muß diese Längung berücksichtigt werden. Dazu muß Folgendes bekannt sein:

- die Bewegungsrichtung des Manipulators relativ zum Werkzeug je nach Bearbeitungsfolge;
- die Längung Δl des Werkstücks pro Hub.

Die jeweilige Bewegungsrichtung des Manipulators wird bei der Bestimmung der Bearbeitungsfolge angegeben. Die Längung kann mit einfachen geometrischen Beziehungen berechnet werden.

Dieser Sachverhalt ist in Bild 52 dargestellt. Bewegt sich

der Manipulator und damit das Werkstück nach dem Wirkhub auf
das Werkzeug zu, so ist der absolute Vorschub/Hub:

$$s \ = \ l_B,$$

wenn von einer Fließscheide unter der Werkzeugmitte ausgegangen wird, d. h. wenn links und rechts vom Werkzeug jeweils
die "halbe Längung" auftritt (Bild 52a).

Bewegt sich der Manipulator nach dem Hub vom Werkzeug weg, so
beträgt entsprechend Bild 52 b der absolute Vorschub/Hub:

$$s \ = \ l_B \ + \ \triangle l.$$

Diese Verhältnisse müssen auch hinsichtlich des Abstandes
l_1 Manipulator-Werkzeug, also einer zur Steuerung der Maschine
notwendigen Größe, betrachtet werden.

Für den Fall a) entsprechend Bild 52 wird dann mit dem Ausgangs-
wert l_0 vor dem Hub:

$$l_1 \ = \ l_0 \ - \ l_B.$$

Im Fall b) ergibt sich:

$$l_1 \ = \ l_0 \ + \ \triangle l \ + \ l_B.$$

Der Manipulator wird nach jedem Hub zum Ausgleich der Längung
auf die Position vor dem Hub automatisch nachgeführt.

7.2.3   Zustellung und Drehung

Mit Hilfe der mechanischen Hublagenverstellung der Hydraulikzylinder wird die vorderste Werkzeugposition bei Ausnützung
des gesamten Kolbenhubs der Fertigungsaufgabe angepaßt. Die
geforderten Durchmesserverminderungen des Werkstücks werden
durch Zustellung der Werkzeuge ermöglicht. Zur Erzeugung der

Querschnittsform kommt die entsprechende Drehung des Werkstücks
dazu.

Der doppelte Abstand der Werkzeugwirkungsfläche von der Längsachse des Werkstücks (= Drehachse des Manipulators) entspricht
bei Eingriff des Werkzeugs bei der Bearbeitung dem momentanen
Formelementdurchmesser bzw. der Schlüsselweite, im Folgenden
auch Formelementhöhe h genannt.

Es wird davon ausgegangen, daß zur Angabe der jeweiligen Hublage der Schnittpunkt der Werkzeugwirkungslinien (= Längsachse der Werkstücke = Drehachse des Manipulators) als Null-
punkt angenommen wird, die Hublage ergibt sich dann als halbe
Formelementhöhe.

Der Maschinensteuerung werden die Hublagenunterschiede von
einer Bearbeitungsstufe zur nachfolgenden - die Zustellungen -
sowie die Drehwinkel als Parameter eingegeben.

Die Drehwinkel sind ausgehend von der Nullage, die mit einer
Werkzeugwirkungsrichtung zusammenfällt, im Uhrzeigersinn definiert.

Die Berechnung der Hublagen erfolgt ausgehend von den Abmessungen des Endquerschnitts umgekehrt zur Bearbeitungsfolge bis
zum Rohteilquerschnitt.

Es soll im Folgenden nicht ausführlich auf alle möglichen Querschnitte und Winkeldrehungen eingegangen werden. Der Rechen-
gang wird anhand eines Beispiels - Achteck mit 22,5° Winkeldrehung als Endquerschnitt - näher erläutert. Für alle anderen
Fälle sind die Beziehungen zur Hublagenbestimmung und die entsprechenden Drehwinkel in Tabelle 2 zusammengefaßt.

In unserem Beispiel kommt als Ausgangsquerschnitt das Achteck
mit 0° Drehung vor. Das Werkstück wird vor dem ersten Hub um
22,5° gedreht. Die Bearbeitung erfolgt nun "auf die Ecken" der
Ausgangsform. Entsprechend Bild 53 gilt folgende Beziehung

für die Hublagen h_1 (Endquerschnitt) und h_0 (Ausgangsquerschnitt):

$$h_1/h_0 = \cos 22{,}5°.$$

Nach h_0 aufgelöst:

$$h_0 = \frac{h_1}{\cos 22{,}5°} = 1{,}08 \cdot h_1$$

Die Zustellung ergibt sich also zu:

$$z = h_0 - h_1 = 0{,}08 \cdot h_1.$$

Unter der Voraussetzung, daß mit vier Werkzeugen gleichzeitig gearbeitet wird, erhält man nach der Drehung des Ausgangsquerschnitts A_0 um 22,5° und dem Arbeitshub mit obiger Zustellung ein unregelmäßiges Sechzehneck mit der Querschnittsfläche A_1. Der zweite Arbeitshub mit gleicher Hublage nach einer weiteren Drehung um 45° führt zur Endform A_2.

Wie man an obigem Beispiel sieht, können zum Erreichen der Endform zwei Winkeldrehungen mit gleicher Hublage nötig sein.

Auf die Bestimmung der in Tabelle 2 angegebenen Umformgrade wird im folgenden Kapitel näher eingegangen.

7.2.4   <u>Begrenzung der Bearbeitung durch den Umformgrad</u>

Die in der Tafel 2 angegebenen Umformgrade lassen sich mit Hilfe geometrischer Betrachtungen ermitteln. Die Querschnittsflächen A_0 bzw. A_1, die zur Berechnung von φ in die Beziehung

$$\varphi = \ln \frac{A_1}{A_0}$$

eingesetzt werden, lassen sich wie folgt berechnen:

$$A = n \cdot h^2 \cdot \tan \frac{180°}{n}$$

(n = Eckenzahl, h = halbe Werkstückhöhe = Inkreisradius).

Falls zum Erreichen des Endquerschnitts mehrere Hublagen erforderlich sind, addieren sich die Einzelumformgrade zum Gesamt-
umformgrad der betreffenden Bearbeitungsstufe. Zur Vermeidung
einer zu starken Beanspruchung des Werkstoffs und eines infolge der Verfestigung bei entsprechenden Werkstoffen zu großen
Kraftanstiegs wird ein maximaler Umformgrad angegeben.

Beim Verfahren Rundkneten können Umformgrade von $|\varphi| = 0,4$ pro
Stufe ohne nachteilige Wirkungen erreicht werden [24]. Der in
unserem Fall einzusetzende maximale Umformgrad wird anhand
von Fließkurven bestimmt.

Vom Programm wird geprüft, ob dieser Umformgrad überschritten
wird. Im Falle einer positiven Entscheidung - $\varphi > \varphi_{max}$ -
wird eine zusätzliche Zwischenbearbeitungsstufe, ein Achteck
mit 0° Winkeldrehung, vorgesehen.

In diesem Fall ist also die Hublage für das "eingeschobene"
Achteck zu berechnen.

Die Querschnittsflächen A_0 und A_1 ergeben sich wie folgt:

$$A_1 = 8 \cdot h_1^2 \cdot \tan 22,5°$$
$$\text{und} \quad A_0 = 8 \cdot h_0^2 \cdot \tan 22,5°$$

Für den Umformgrad gilt also:

$$\varphi = \ln \frac{A_1}{A_0} = \ln \left(\frac{h_1}{h_0}\right)^2$$

Nach h_0 aufgelöst ergibt sich:

$$h_0 = \frac{h_1}{\sqrt{e^{\varphi}}}$$

In diese Beziehung wird nun der betreffende maximale Umformgrad eingesetzt. Die Hublage der zusätzlichen größeren Zwischenbearbeitungsstufe ist dann dieses h_0.

7.2.5   Bearbeitungszeit

Zur zeitlichen Gesamtoptimierung eines flexiblen Fertigungssystems, das u.a. die Verfahren Radialumformen und Drehen an-
wendet, muß die Möglichkeit der Bearbeitungszeitbestimmung
für die Fertigung auf der Radialumformmaschine bestehen. Dies
kann nur dann geschehen, wenn sämtliche Geschwindigkeiten und
Beschleunigungen der Funktionselemente bekannt sind und zur
Zeitbestimmung herangezogen werden können. Auch die diversen
Einzelzeiten wie z. B. für Werkzeugwechsel, Spannen usw. müssen gesichert vorliegen. Da die Bestimmung dieser Daten erst
nach Inbetriebnahme der Anlage erfolgen kann, wird die Bearbeitungszeit im Rahmen dieser Arbeit nicht weiter betrachtet.

Im Folgenden soll anhand durchgerechneter Beispiele erläutert
werden, wie der Arbeitsplan und die zeichnerischen Darstellun-
gen aufgebaut sind. Den Abschluß dieses Kapitels bildet eine
"Gebrauchsanleitung" für Rechnungen mit dem Programmsystem
PRORUM auf dem Kleinrechner HP 9830 und der dazugehörigen
Peripherie.

8.1   Arbeitsplan

Der Arbeitsplan soll alle Daten enthalten, die die Steuerung
der Maschine im Sinne der vorgegebenen Bearbeitungsaufgabe möglich machen.

Der erste Block der ausgegebenen Daten besteht aus den Eingabedaten Werkstück und Maschine. Im Bild 54 ist eine verkleinerte
Kopie eines Originalrechnerausdruckes zu sehen.

Im Rahmen der Anpassung der Werkstückdaten an die Technologie
der Anlage werden neben der Berücksichtigung von Zugaben kegelige Formelemente abgestuft oder in zylindrische umgewandelt
und ggf. mehrere Formelemente miteinander verschmolzen. Die
betreffenden Angaben hierzu sind in Bild 55 dargestellt.

Die Bestimmung der Rohteilabmessungen erfordert die Berechnung
des Gesamtvolumens des radialumgeformten Werkstücks. Ein
weiterer Datenblock beinhaltet neben den Einzelvolumina der
Formelemente und dem Gesamtvolumen Querschnitt, Durchmesser
bzw. Kantenlänge und Abschnittslänge des ausgewählten Rohteils
(Bild 56). Innerhalb dieses Blockes werden auch die Spanndaten
angegeben.

Zur Verdeutlichung des schrittweisen Herausarbeitens der Formelemente aus dem Rohteil sind im Arbeitsplan Tabellen aufgeführt, aus denen die Bearbeitungsreihenfolge mit Angaben zu
den angrenzenden Formelementen auf der Basis der Formelement-
schlüsselweiten hervorgeht (Bild 57).

Den Hauptteil des Arbeitsplanes bilden die Bearbeitungsdaten entsprechend Bild 58. In Form einer Matrix sind von links nach rechts spaltenweise folgende Daten aufgeführt:

Längsvorschub von - bis, Anzahl der ganzen - vorgegebenen - Vorschübe, Größe des letzten - kleineren - Vorschubs, Drehwinkel der Spannzange, Größe der Hublage, Index für Werkzeugkollision (ja = 1, nein = 0). Durch die links angegebene Formelementnummer wird angezeigt, wann das betreffende Formelement fertiggestellt ist.

8.2 Zeichnerische Darstellungen

Zur Überprüfung der Werkstückeingabedaten erfolgt zusammen mit der zahlenmäßigen Datenausgabe die Anfertigung von Plotterzeichnungen.

Diese "Fertigteilzeichnung" ermöglicht mit einer bemaßten Seitenansicht und bemaßten Schnitten von nichtrotationssymmetrischen Formelementen auf einem gesonderten Blatt die einfache Kontrolle der Eingabedaten (Bild 59).

Nachdem vom Programm eine Anpassung der Formelemente an die Technologie der Radialumformmaschine vorgenommen wurde, wird auch hier zur Erhöhung der Anschaulichkeit eine Plotterzeichnung des RUM-Teils angefertigt (Bild 60). Mit dieser Darstellung kann der Vergleich von RUM-Teil und Fertigteil zur Überprüfung der Zweckmäßigkeit der ausgeführten Datenänderungen erfolgen.

Der schrittweise Arbeitsfortschritt kann anhand von Plotterdarstellungen der nacheinander auftretenden Zwischenformen aufgezeigt werden. Die Beispiele in Bild 61 wurden vom Plotter jeweils nach Fertigstellung der einzelnen Formelemente angefertigt.

8.3 Handhabung der Rechenprogramme

Die Eingabedaten von Werkstück und Maschine werden in der ge-

genwärtigen Ausbaustufe über Lochkarten eingelesen. Die betreffenden Ablochanweisungen können Tabelle 3 entnommen werden. Die
Reihenfolge der einzelnen Karten lautet wie folgt:

1. Anzahl der Formelemente
2. bis max. 30. Formelementdaten
31. Werkzeugabmessungen
32. Bearbeitungszugaben
33. Stufenhöhe für Kegelabstufung
34. Max. Vorschub/Hub
35. Max. Teilumformgrad

Für den Beginn der Rechnung wird das Unterprogramm "RADI 1"
vom Plattenspeicher in den Rechenspeicher eingelesen:

        GET   "RADI1"   EXECUTE

Nach der Anweisung:

        RUN   EXECUTE

werden die Karten eingelesen und der Programmdurchlauf beginnt.
Die einzelnen Unterprogramme werden automatisch nacheinander
durchlaufen.

Zuvor wurde auf dem Plotter ein Blatt DIN A 4 so eingelegt,
daß eine länge Seite des Papiers mit der unteren Zeichenbereichs-
begrenzung zusammenfällt und die schmale Seite 23 mm vom rechten Rand entfernt ist. Der Plotter selbst wird auf maximalen
Zeichenbereich eingestellt. Nachdem die Seitenansicht von Fer-
tig- bzw. RUM-Teil geplottet wurde, erscheint im Display die
Anweisung

        BLATT WECHSELN FÜR SCHNITTE.

Ist ein neues Blatt eingelegt, werden die Tasten

        CONT   EXECUTE

gedrückt, das Programm läuft weiter, die Schnitte werden gezeichnet. Auf ein Blatt werden maximal sechs Schnitte gezeich-

net. Sind mehr Schnitte erforderlich, so hält das Programm
erneut an und gibt Anweisung zum Blattwechsel. Nach dem Zeich-
nen der Schnitte für das Fertigteil wird wiederum nach Anweisung von Rechner das Papier für das RUM-Teil eingelegt und
der Vorgang läuft wie beschrieben ab.

Beim Plotten der Zwischenformen wird auf Bemaßung und Schnitte
verzichtet. Im Display erscheint nach der Fertigstellung der
Formelemente die Frage:

ZWISCHENFORM PLOTTEN?

Falls der aktuelle Stand gezeichnet werden sollte, so ist
nach dem Aufleuchten eines Fragezeichens eine 1 zu drücken,
andernfalls eine 0. Im zweiten Fall wird weitergerechnet und
die Bearbeitungsdaten für die weiteren Arbeitsfortschritt bestimmt.

Einige Angaben zur Rechenzeit und zum Speicherplatzbedarf sollen den Programmumfang verdeutlichen. Für das Werkstück entsprechend Bild 10 werden ohne Berücksichtigung von Papierwechsel
und Plotterdarstellungen bis zur vollständigen Arbeitsplanerstellung etwa 4 Minuten Rechenzeit benötigt. Das Programmsystem
selbst erfordert (ohne die Programme zum Plotten der Werkstücke)
Speicherplatz in Höhe von ca. 74 k-Byte.

Bei der Ausarbeitung des Programmsystems PRORUM mußte in Kauf
genommen werden, daß eine praxisnahe, endgültige Überprüfung
der aufgestellten Algorithmen im Rahmen einer Werkstückbearbei-
tung auf der Radialumformmaschine RUMX-2000 zum Zeitpunkt der
Abfassung dieser Arbeit nicht möglich war.

Aus diesem Grund wurde eine Systemstruktur gewählt, deren einzelne Bereiche ohne Schwierigkeiten Änderungen und Erweiterun-
gen zulassen, so daß die tatsächlichen Maschinenparameter, die
teilweise durch idealisierte Werte ersetzt werden mußten, im
Programmsystem Verwendung finden können.

Grundsätzlich wurde angestrebt, die Programme so zu gestalten,
daß die Berechnungen ohne Eingriff des Menschen möglich werden, daß also auch Bereiche logischer Entscheidungen oder sogar
schöpferischer Überlegungen größtenteils durch Algorithmen erfaßt werden. Die Berechnung der Daten stellt eine Simulation
des Bearbeitungsvorgangs mit dem Rechner dar.

Aus den oben geschilderten Gründen müssen also noch verschiedene, ergänzende Arbeiten vorgenommen werden:

Zur erfolgreichen Anwendung des Systems PRORUM hat eine
Anpassung an die endgültigen Gegebenheiten von Prozeßrechner
und Maschine zu erfolgen. So müssen die Programme in die Spra-
che FORTRAN umgeschrieben werden, einzelne Kenndaten der Maschine sind an den betreffenden Stellen des Programmes zu ver-
ändern, die Übernahme der Maschinensteuerdaten ist hinsichtlich
den Anforderungen des Steuersystems zu gestalten.

Für die Zukunft sind noch verschiedene Ausweitungen des Ma-
schinenkonzepts und des Programmsystems denkbar. Durch automatische Werkstück/Werkzeugwechselsysteme und die Möglichkeit zur Bearbeitung von Innenformen mit Dornen wird das Ein-
satzgebiet und vor allem die Flexibilität der Anlage wesentlich erhöht.

Ein weiterer Punkt ist die bisher im Rahmen der Steuerdatenbestimmung nicht realisierbare Erfassung des Werkstoffflusses
während der Bearbeitung. Momentan muß von idealen Verhältnissen ausgegangen werden, da eine Berechnung nur mit umfangreichen Finite-Element-Programmen möglich ist. Am Institut
für Umformtechnik werden innerhalb anderer Forschungsvorhaben
Lösungsmöglichkeiten hierzu vorbereitet.

Des weiteren sollen Überlegungen zur programmtechnischen Erfassung von mehreren gleichen oder verschiedenen, hinterein-
ander angeordneten Werkstücken, die aus einem Rohteil entstehen sollen, entsprechend [59] angestellt werden.

Der Einsatz automatischer Fertigungslinien in der Großserien-
und Massenfertigung, der hohe Produktivitätssteigerungen mit
sich bringt, hat zu Überlegungen geführt, wie auch in der Klein-
und Mittelserienfertigung Produktivitäts- und Wirtschaftlich-
keitsschwächen durch Automatisierung weitgehend vermieden werden können.

Die Entwicklungen auf diesem Gebiet führten von der einzelnen,
numerisch gesteuerten Werkzeugmaschine über anpassungsfähige -
flexible - Bearbeitungseinheiten bis zum sog. flexiblen
Fertigungssystem. Ein solches System besteht aus verschiedenen
Fertigungseinrichtungen, die durch ein gemeinsames Steuer-
und Transportsystem so verbunden sind, daß unterschiedliche
Bearbeitungsaufgaben an unterschiedlichen Werkstücken im Rahmen einer automatischen Fertigung möglich werden, wobei die
Anpassung an die Fertigungsaufgabe ohne Eingriff des Menschen
erfolgen soll.

Die dadurch notwendig gewordene Ausweitung der Planungstätigkeiten bringt eine teilweise Verlagerung der Verantwortung
für das Produkt von der Produktion zur Fertigungsvorbereitung
mit sich.

Bei den bisherigen Überlegungen hinsichtlich flexibler Fertigungssysteme standen die Umformverfahren trotz bestehender Vorteile gegenüber spanenden Verfahren überhaupt nicht zur Dis-
kussion. Ein erster Versuch zur Analyse der Umformverfahren hinsichtlich ihrer diesbezüglichen Möglichkeiten wurde von KAISER
[19] unternommen. Außerdem wurden in dieser Arbeit [19] Wege aufgezeigt, um diese Verfahren innerhalb eines flexiblen Fertigungssystems nutzen zu können.

Ziel der vorliegenden Arbeit war nun, neben der Untersuchung
der Einsatzmöglichkeiten der Radialumformmaschine RUMX-2000,
ein Programmsystem zu erarbeiten, mit dessen Hilfe die Technologie dieser kurz vor der Inbetriebnahme stehen "flexiblen, umformenden Bearbeitungseinheit" durch Bestimmung der Maschinenparameter und der Bearbeitungsfolge an die jeweilige Fertigungs-

aufgabe automatisch angepaßt wird. Das Programmsystem ermöglicht zunächst eine Simulation der Bearbeitung auf der Basis der vorliegenden Kenndaten der Maschine.

Der erste Teil der Arbeit befaßt sich mit der Konzeption, Konstruktion und den technologischen Möglichkeiten der Radialumformmaschine, aufbauend auf den erarbeiteten Anforderungen an Verfahren und Einrichtungen der Umformtechnik hinsichtlich einer flexiblen Fertigung. Die mögliche Stellung dieser Anlage innerhalb eines umfassenden flexiblen Fertigungssystems wird ausführlich behandelt.

Als notwendige Voraussetzung für eine flexible Fertigung muß die automatische Arbeitsplanung angesehen werden. Es sind also Programme notwendig, mit deren Hilfe Arbeitsablauf und Maschinensteuerdaten für die unterschiedlichen Werkstücke eines Teilespektrums bestimmt werden können.

Die Erarbeitung eines solches Programmsystems für die Radialumformmaschine wird im zweiten Teil der Arbeit dargestellt. Nach einer Analyse bestehender Arbeitsplanungssysteme für die spanende Fertigung wurden die Grundlagen und Voraussetzungen für das neue, der Radialumformmaschine angepaßte System beschrieben. Als wesentliche Punkte hierzu sollen die programmtechnische Erfassung der Fertigungsaufgabe, die problemorientierte Programmierung und die Algorithmierbarkeit der Zusammenhänge erwähnt werden.

Das realisierte Programmsystem PRORUM wird ausführlich erläutert, wobei auf die programmtechnische Lösung der Einzelprobleme besonders eingegangen wird. Neben einem zweckmäßigen Werkstückbeschreibungssystem hat eine automatische Anpassung der Eingangsdaten an die Technologie des Verfahrens und der Maschine zu erfolgen: Kegelige Werkstückabschnitte werden infolge ebener Wirkflächen der Universalwerkzeuge abgestuft, Zugaben sind automatisch zu berücksichtigen. Durch Überprüfung der geometrischen Gegebenheiten werden Kollisionen vermieden und Bearbeitungsentscheidungen herbeigeführt.

Nach der Bestimmung des Rohteils kann dann die Ermittlung der
Bearbeitungsreihenfolge und der Bearbeitungsparameter erfolgen. Es wird jeweils innerhalb gegebener Grenzen eine Optimierung der Ergebnisse hinsichtlich technologischer Zweckmäßigkeit und Bearbeitungszeit vorgenommen. Auf einfache Programm-
handhabung und übersichtliche Ergebnisdarstellungen durch Arbeitsplan und Maschinensteuerdatenmatrix, ergänzt durch Plotterzeichnungen, wurde besonders Wert gelegt. Anhand ausgewählter
Werkstückbeispiele werden die Möglichkeiten des Programmsystems verdeutlicht.

11 Bilder, Tabellen

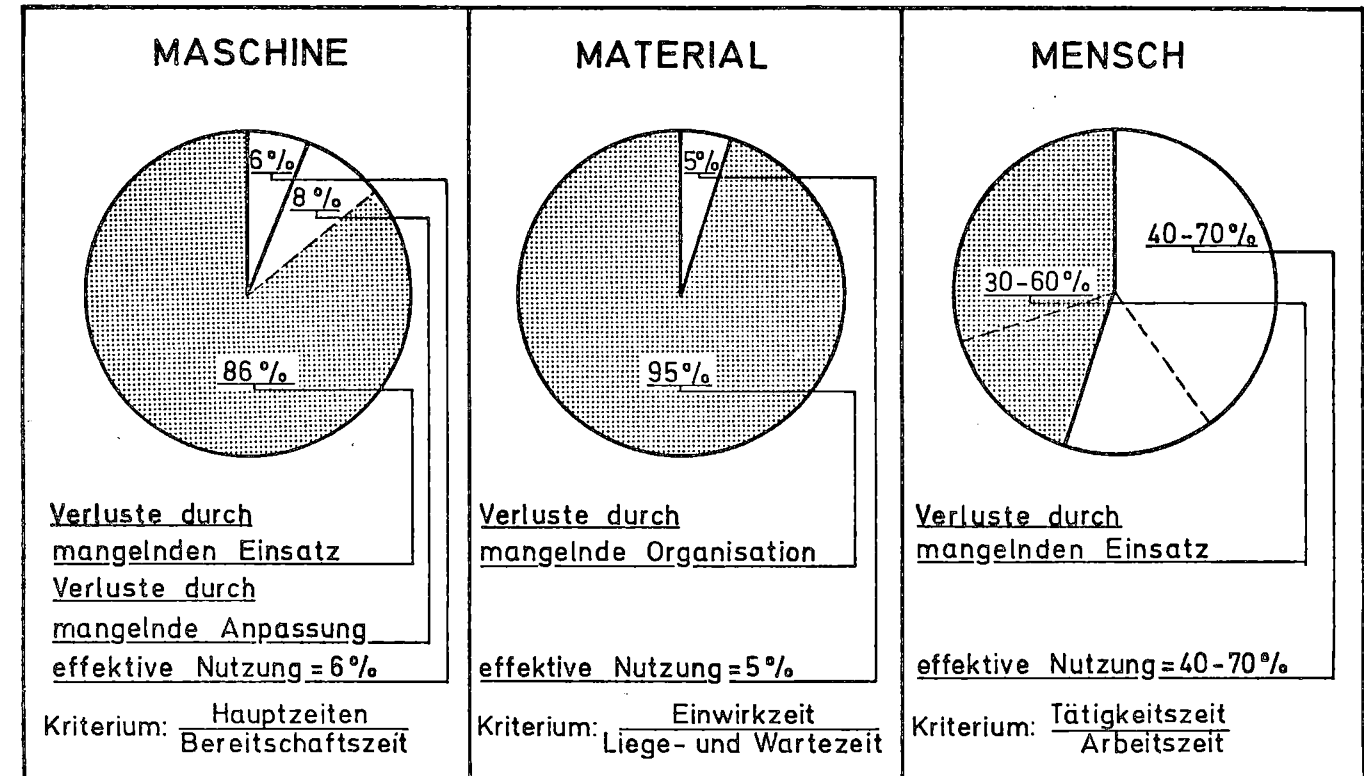

Bild 1:   Nutzung des theoretischen Leistungsvermögens von Mensch, Maschine und Material [1].

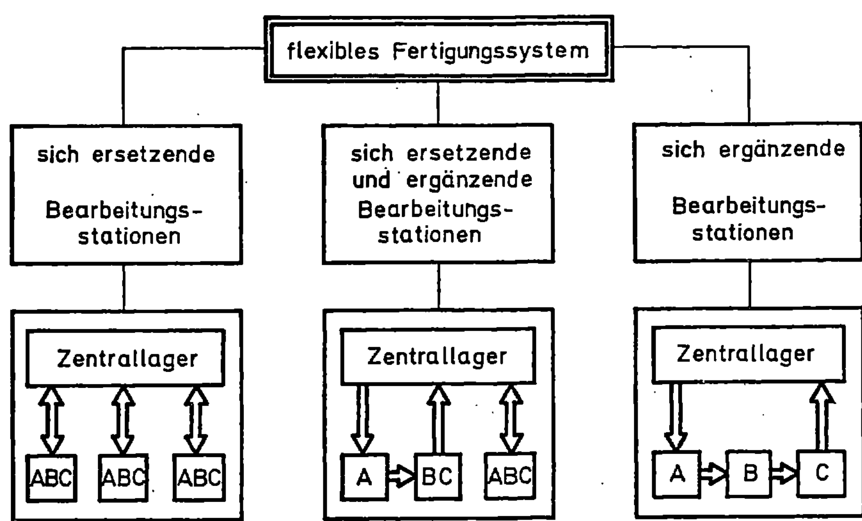

Bild 2: Mögliche Konzepte flexibler Fertigungssysteme [nach 21].

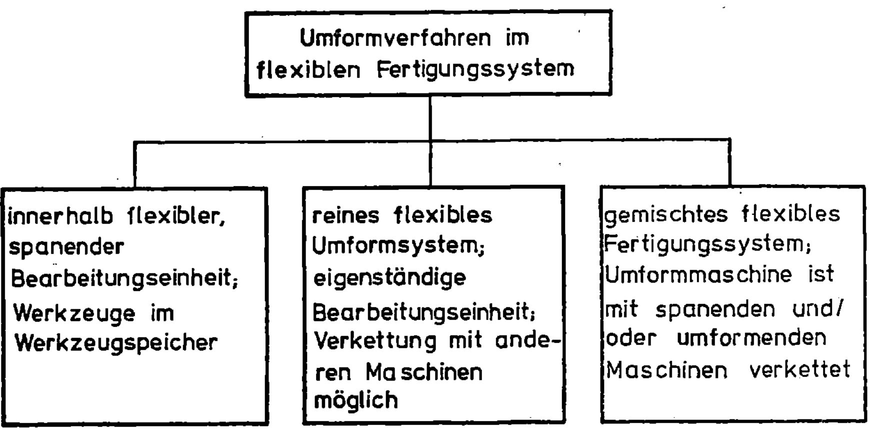

Bild 3: Einsatz von Umformverfahren in Fertigungssystemen.

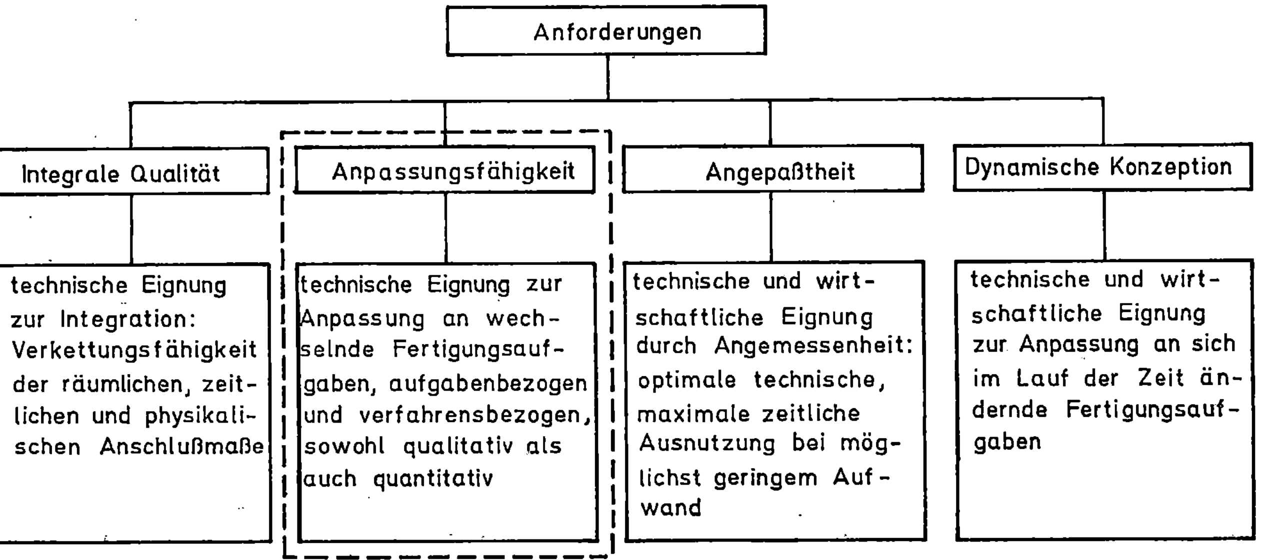

Bild 4: Anforderungen an die Einrichtungen eines flexiblen Fertigungssystems [nach 5].

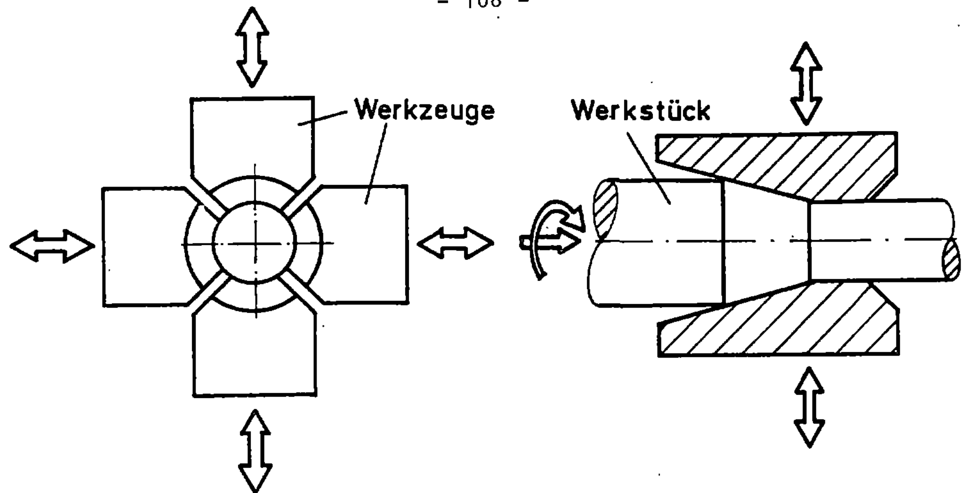

Bild 5: Verfahrensprinzip - Rundkneten

 Formengruppe	Untergruppe keine Querschnittsänderung	Querschnittsform und/ oder -größe wechselnd
Teile mit gerader Längsachse		
Teile mit achsparallel abgesetzten Elementen		

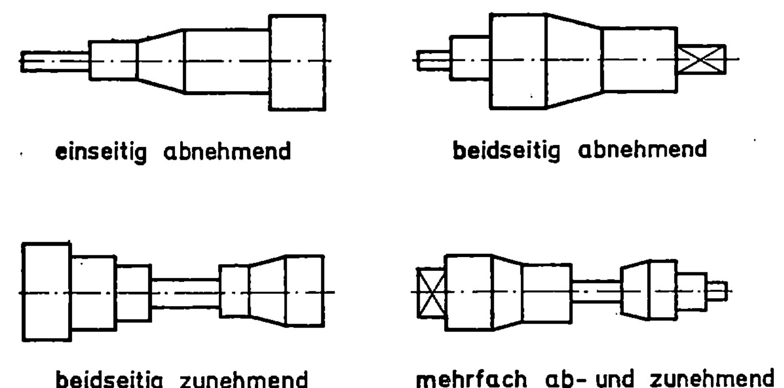

Bild 7: Querschnittverlauf von Werkstücken mit gerader Längsachse

Querschnitt		Konturverlauf	
		konstant	stetig ändernd
Kreis	Beispiele		
Vieleck			

Bild 8: Merkmale der zugelassenen Formelemente

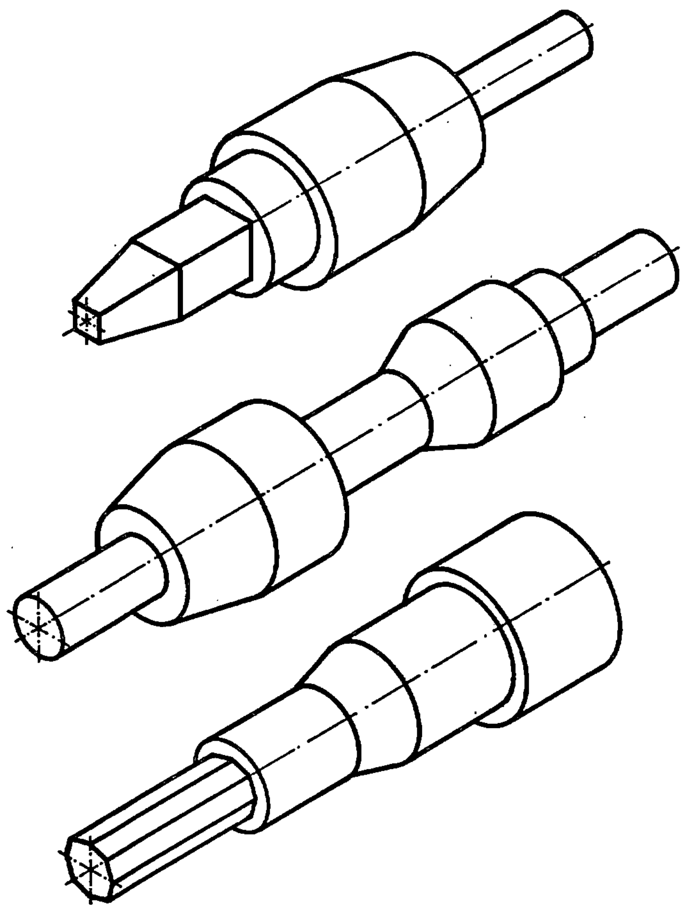

Bild 9: Beispiele für Formelementkombinationen bei
Fertigteilen

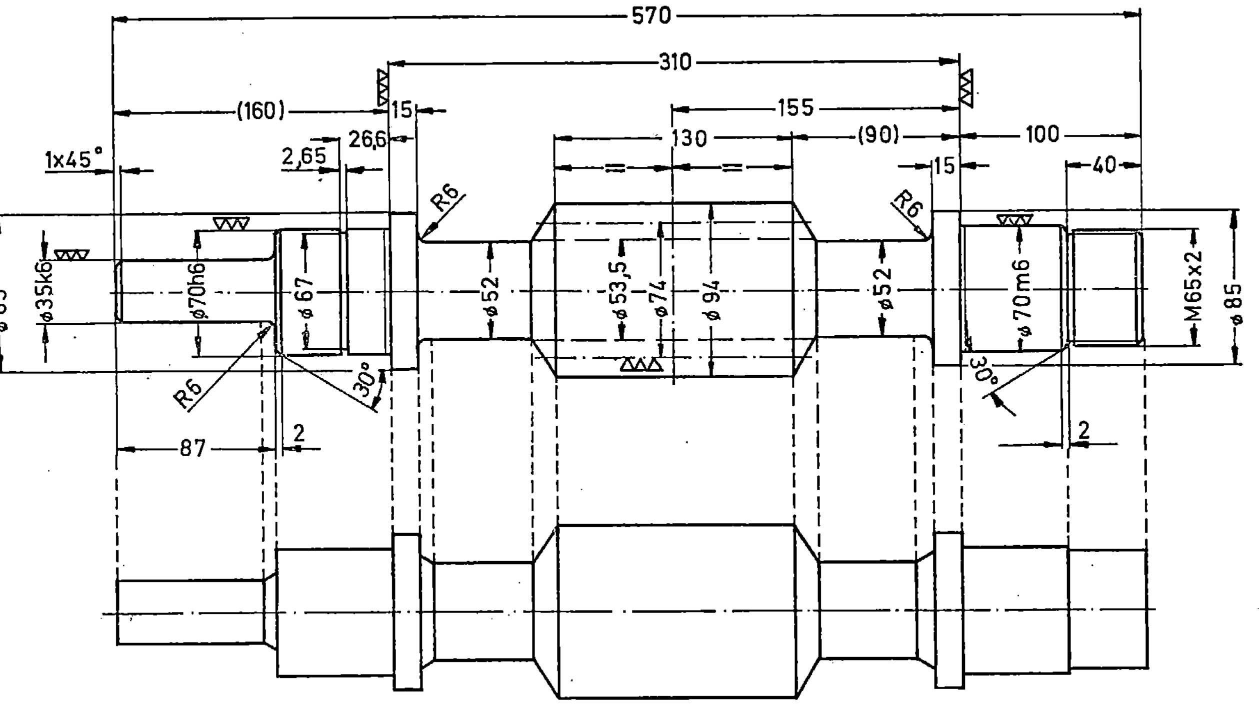

Bild 10: Vernachlässigen von Nebenformelementen

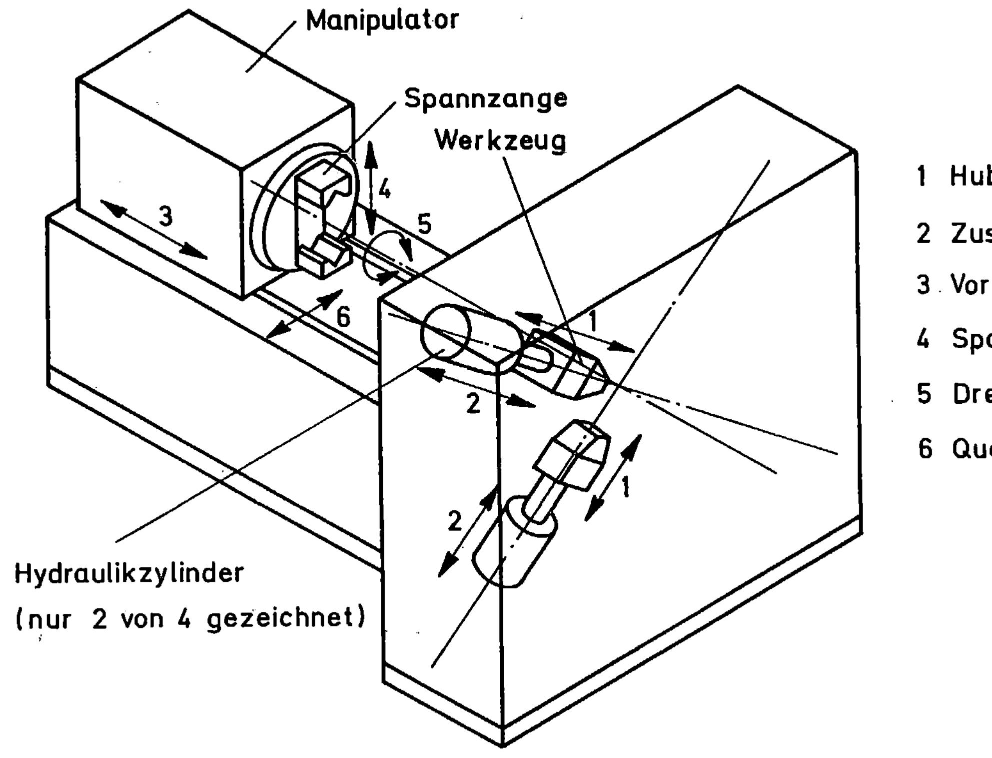

Bild 11: Bewegungsmöglichkeiten der Funktionselemente

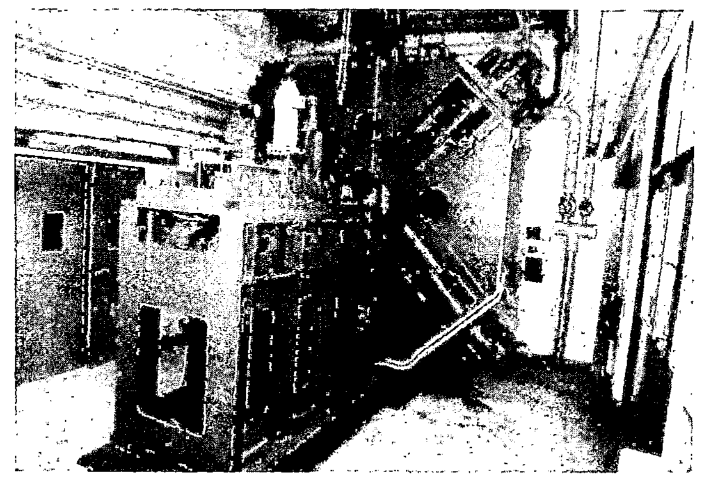

Bild 12:   Gesamtansicht der Radialumformmaschine RUMX-2000

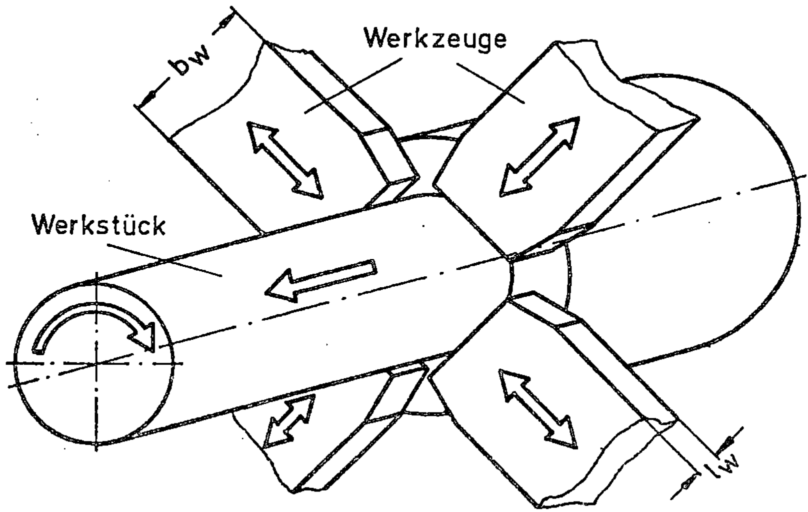

Bild 13:   Radialumformen mit Flachsätteln

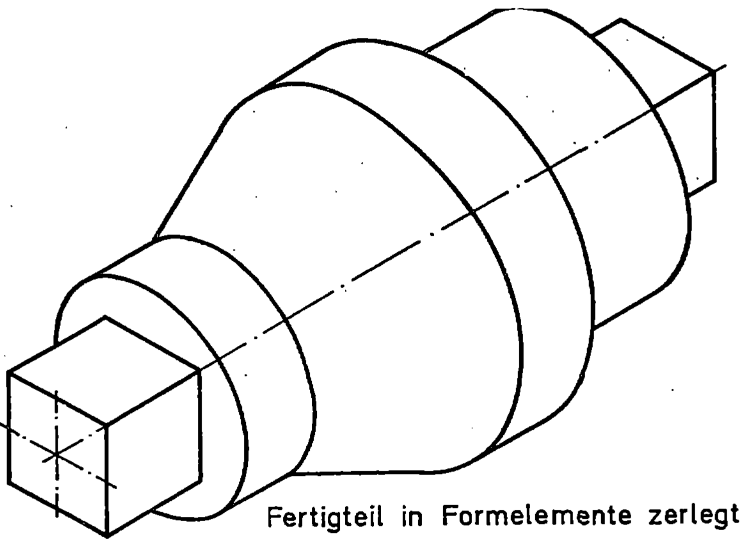

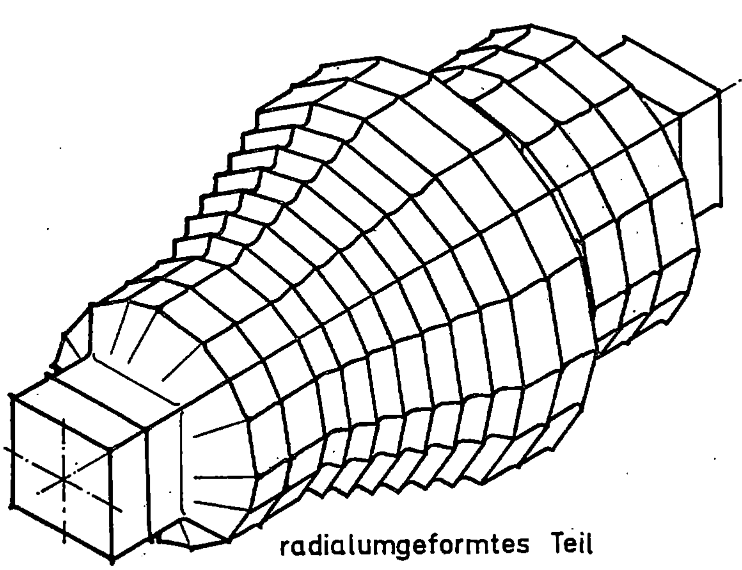

Bild 14: Oberflächenstruktur eines radialumgeformten Werkstücks.

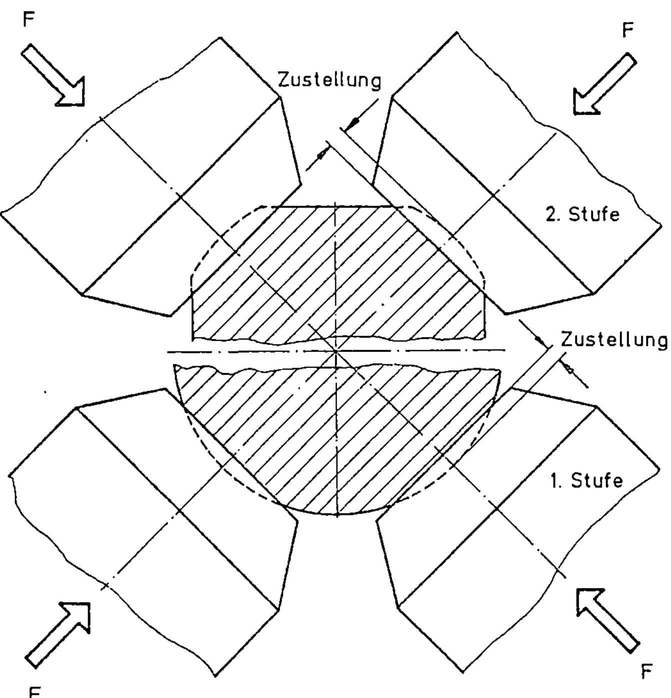

Bild 15:   Herausarbeiten eines Achteckquerschnitts in zwei Stufen.

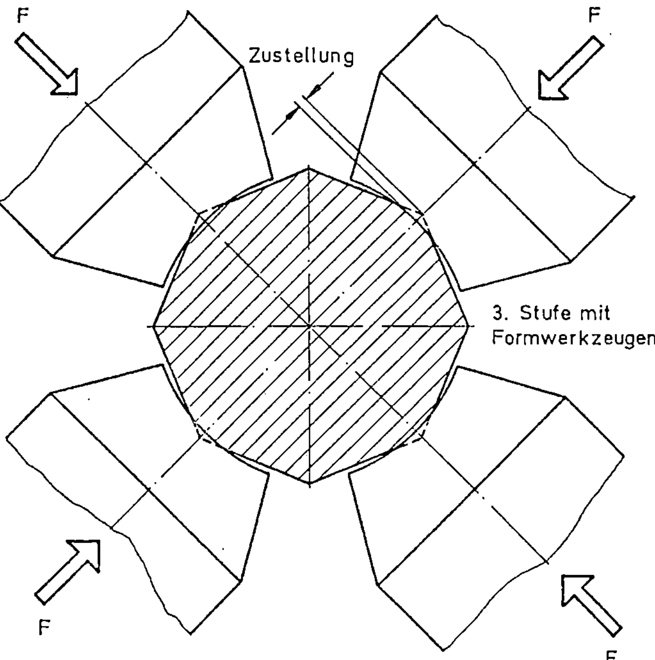

Bild 16:   "Feinbearbeitung" mit Formwerkzeugen.

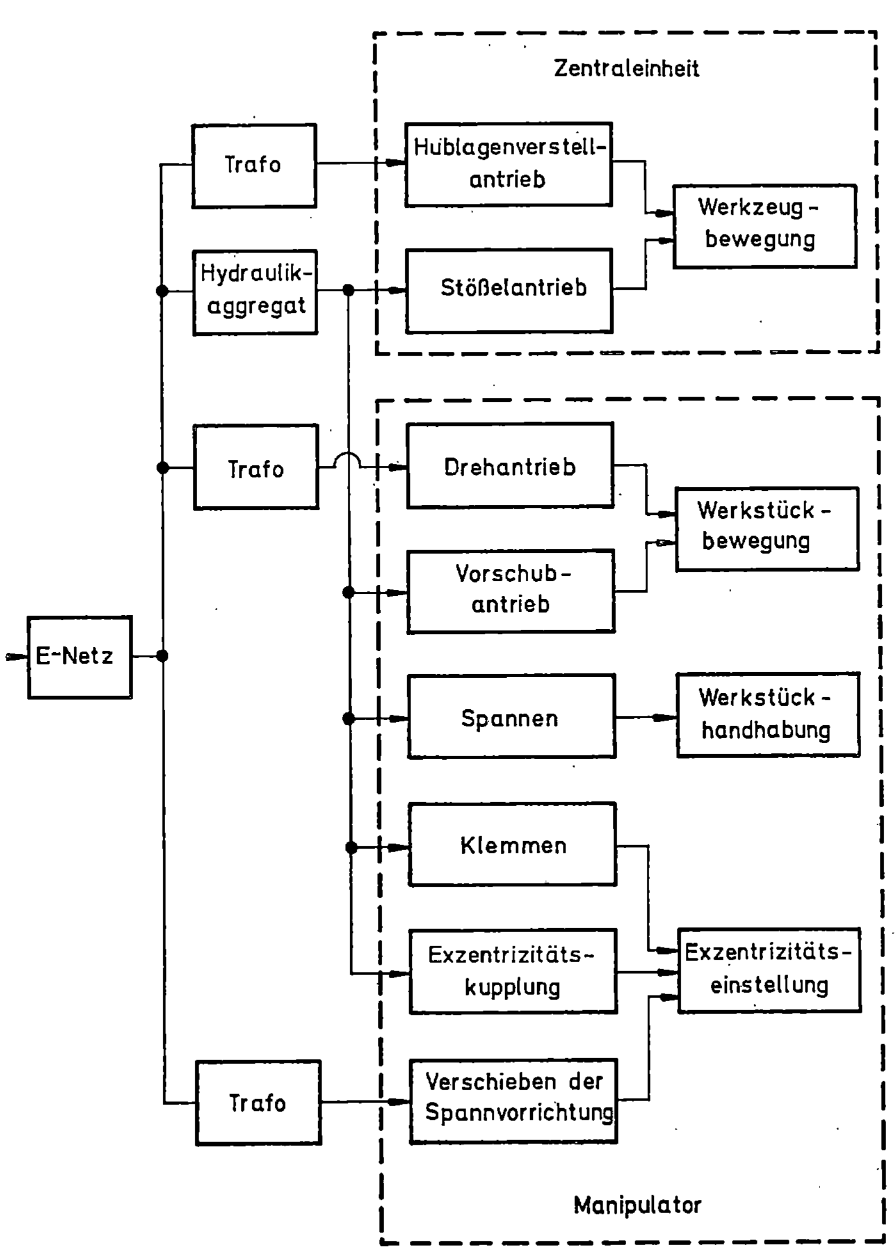

Bild 17:   Baugruppen des Steuersystems.

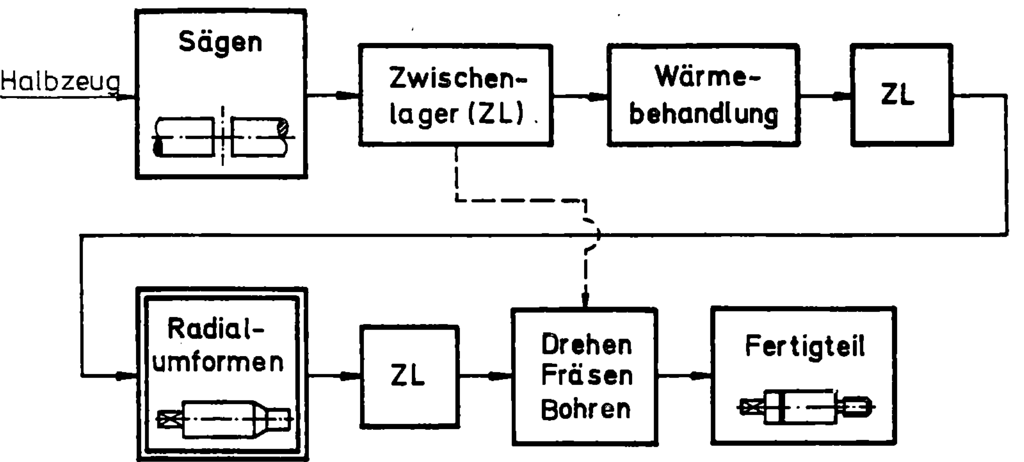

Bild 18:   Lose verkettetes Mehrmaschinensystem.

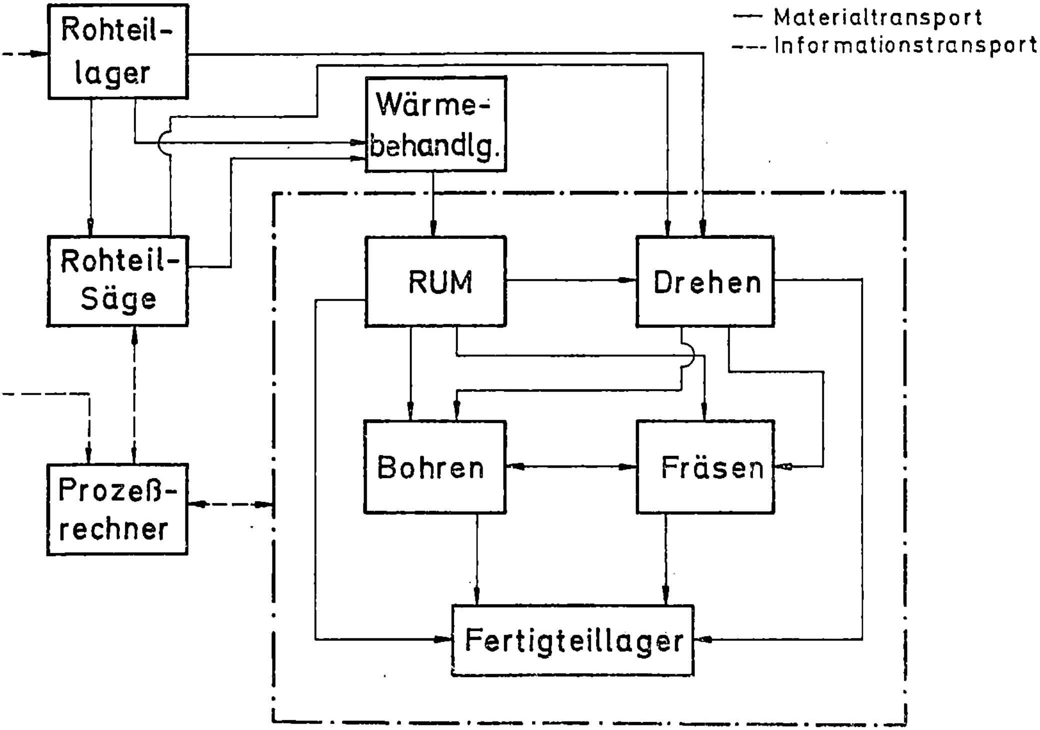

Bild 19:   Struktur eines gemischten, flexiblen Fertigungssystems.

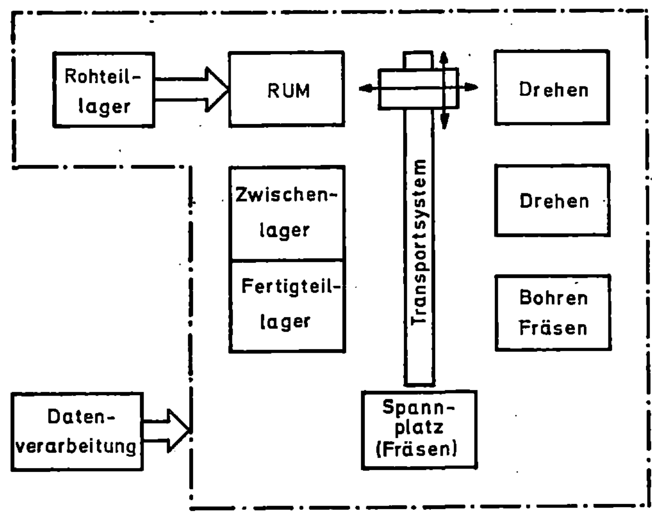

Bild 20: Flexibles Fertigungssystem für Rotationsteile nach [9].

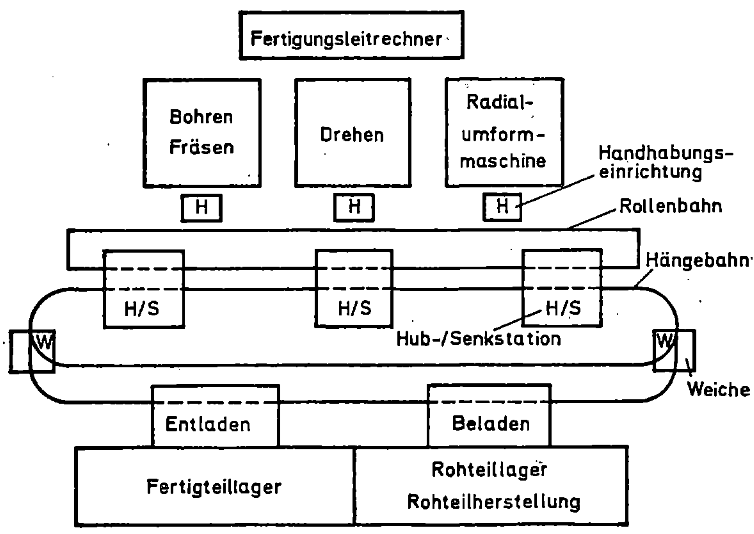

Bild 21: Flexibles Fertigungssystem für Rotationsteile nach [11].

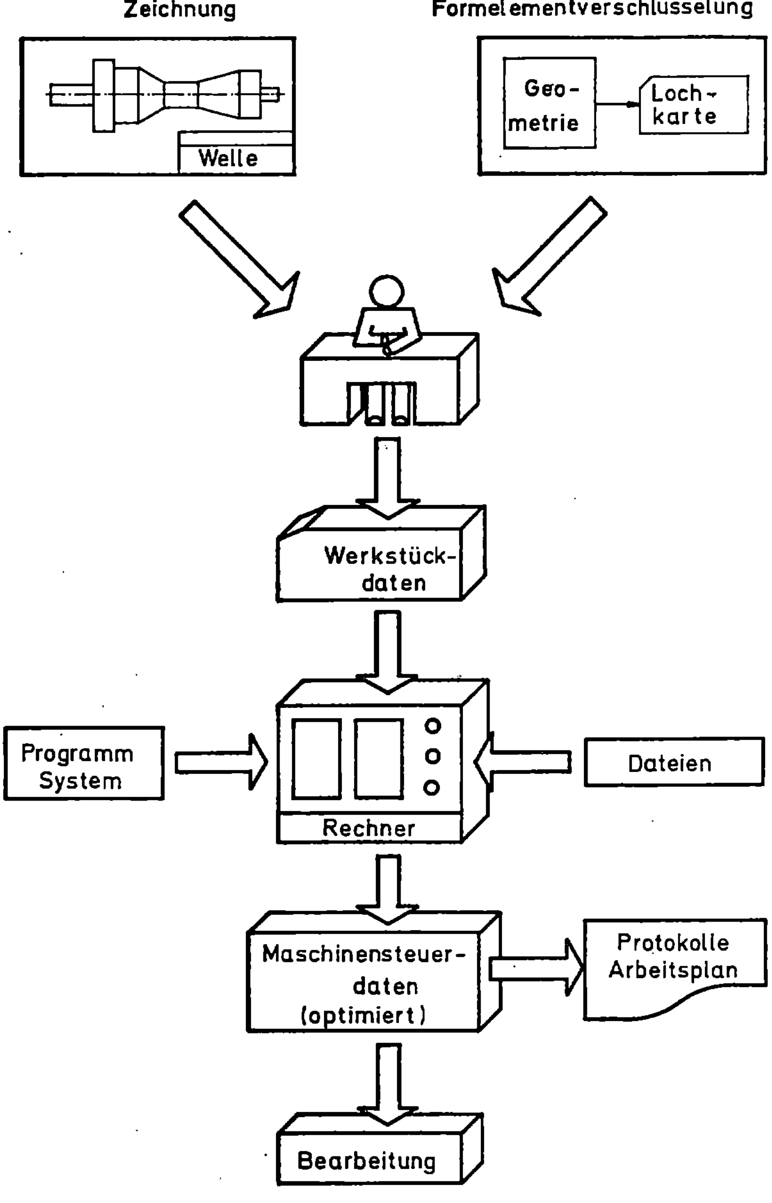

Bild 22: Ablauf der automatischen Arbeitsplanung für die Radialumformmaschine.

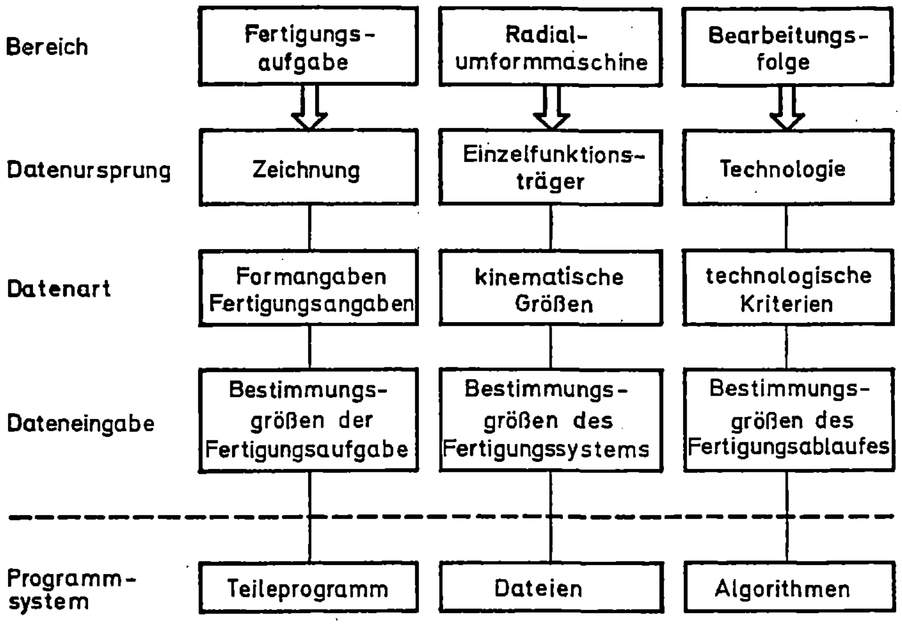

Bild 23: Datenstruktur der Bestimmungsparameter.

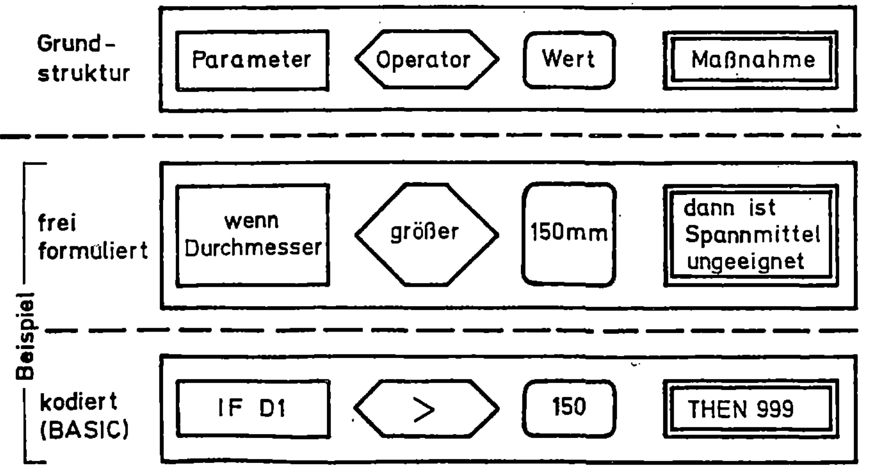

Bild 24: Algorithmusstruktur

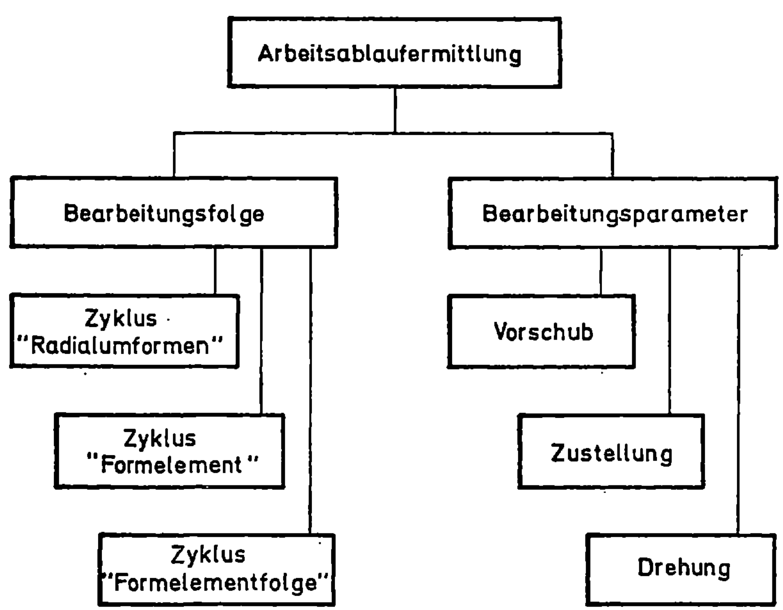

Bild 25: Definition der Arbeitsablaufermittlung.

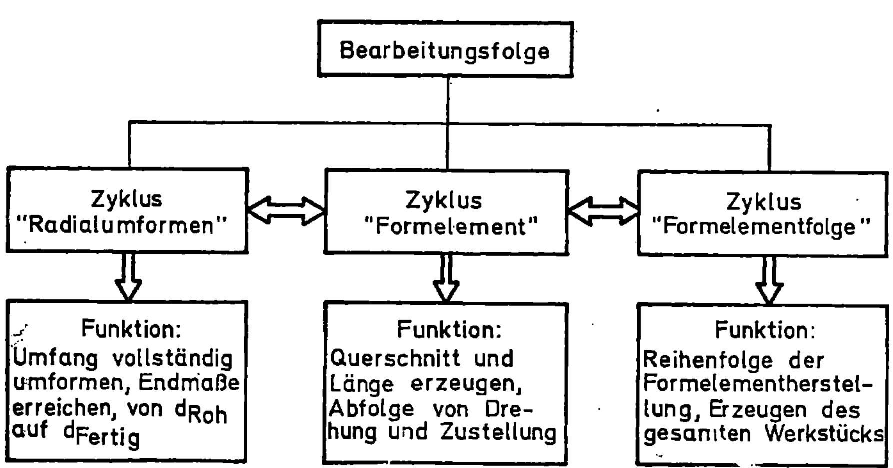

Bild 26: Abgrenzung der Bearbeitungszyklen.

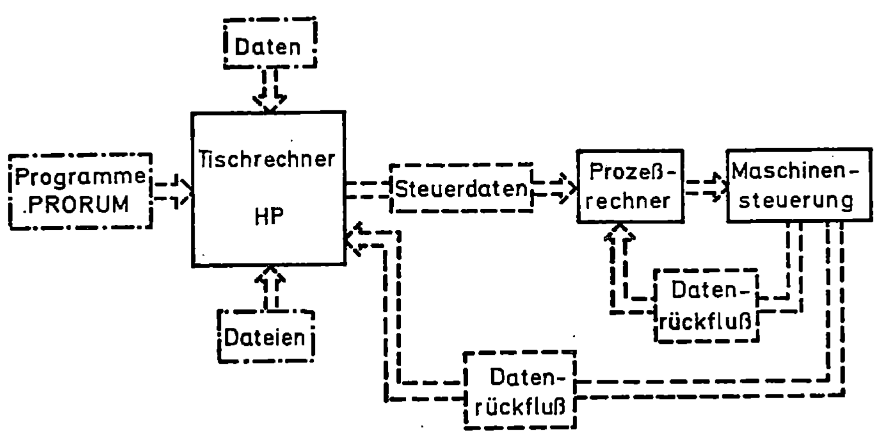

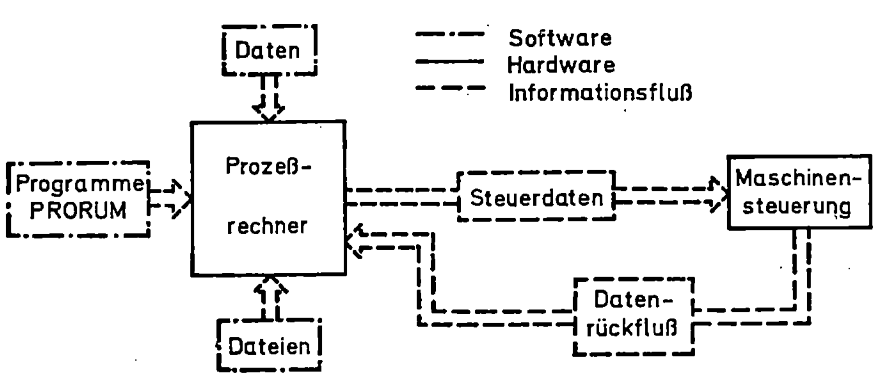

Bild 27: Möglichkeiten des Informationsflusses in Abhängigkeit von der Rechnerstruktur.

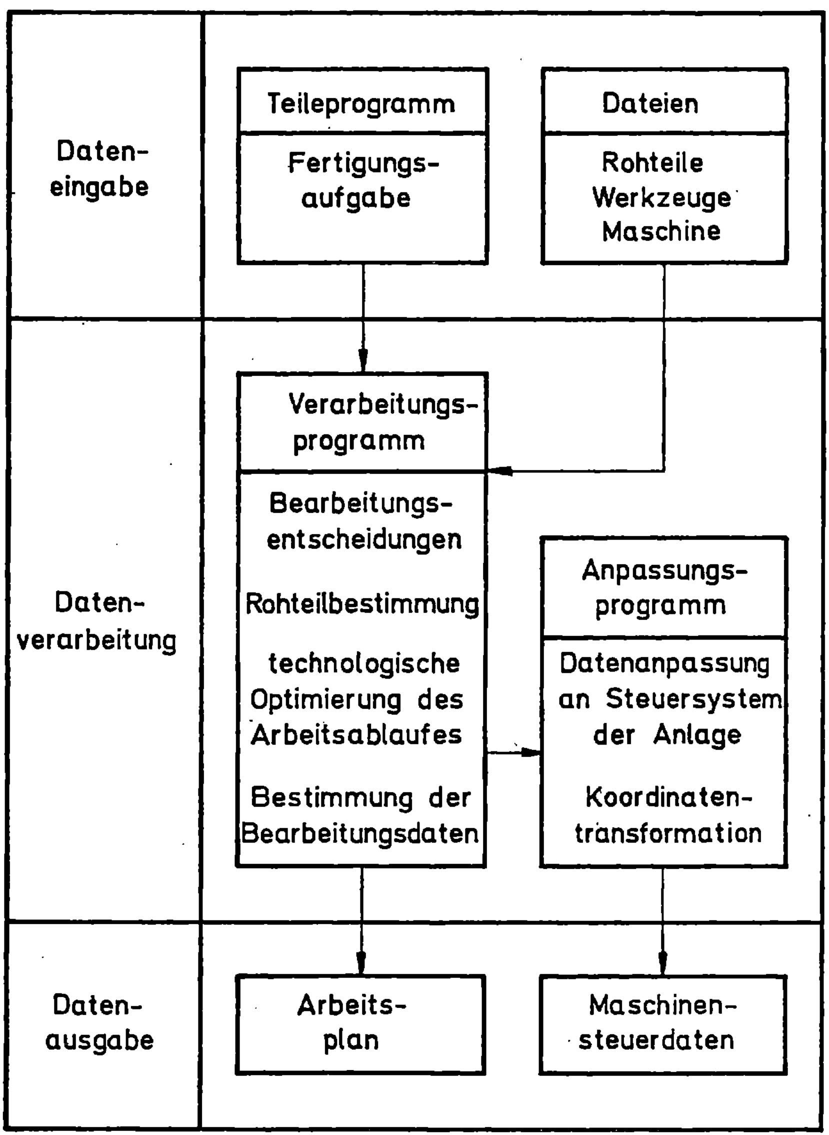

Bild 28: Abgrenzung der Aufgaben innerhalb des Programmsystems.

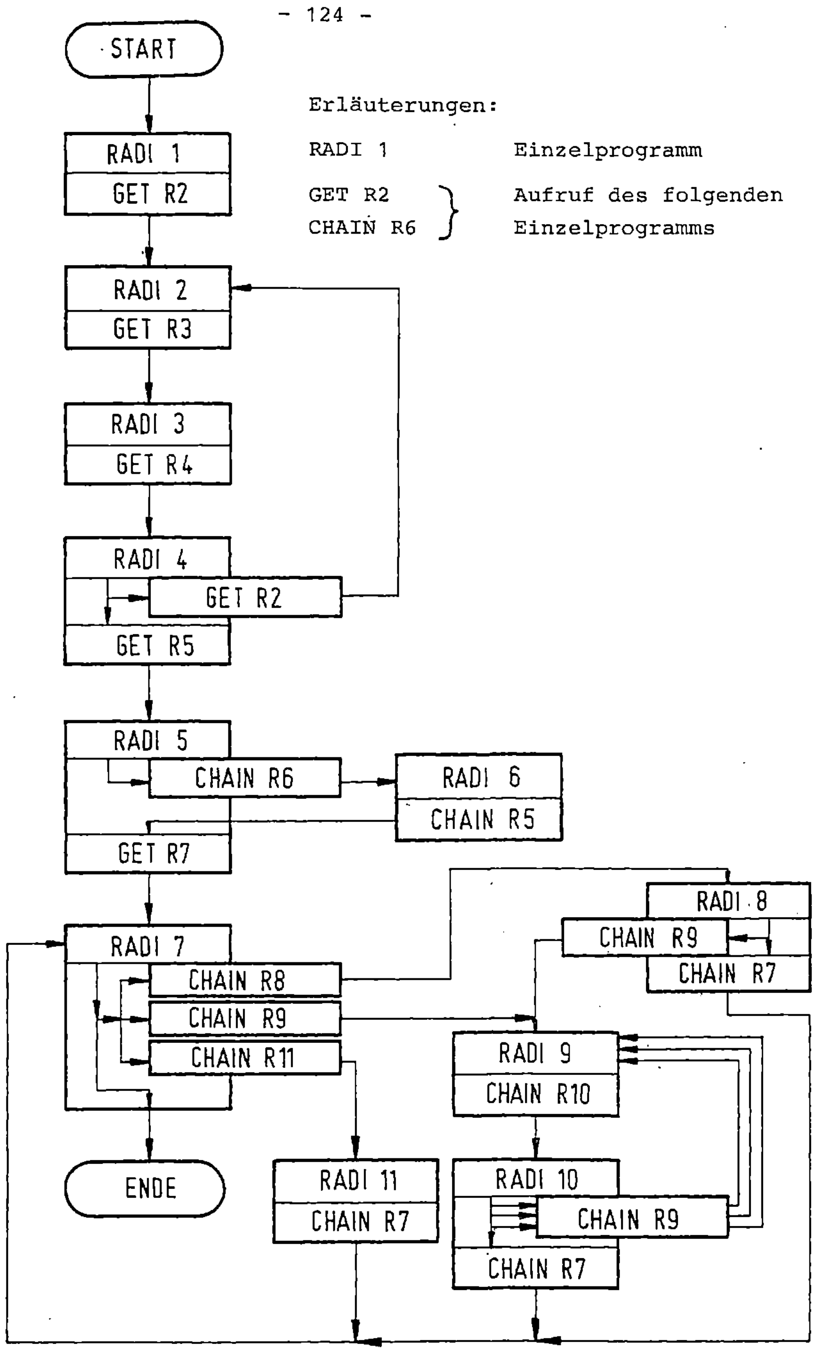

Bild 29: Segmentierte Programmstruktur.

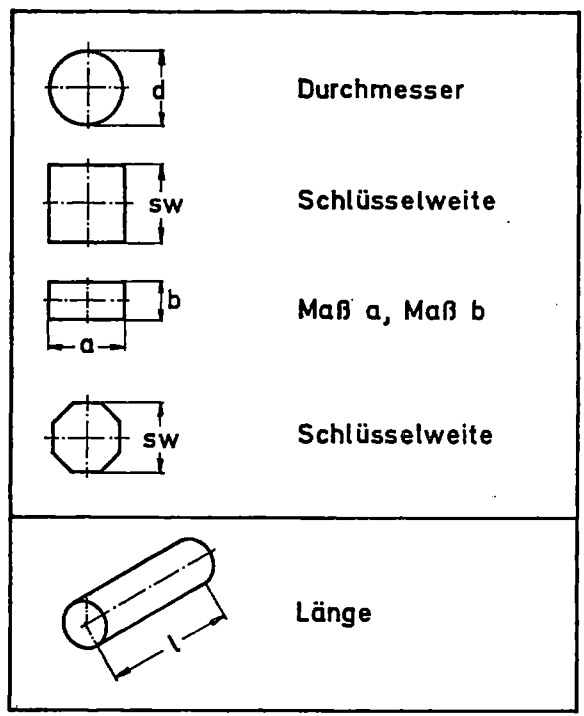

Bild 30: Notwendige Geometriedaten zur eindeutigen Beschreibung der Formelemente.

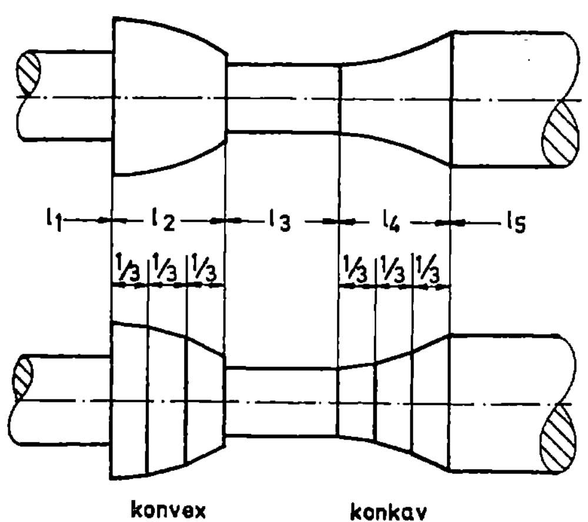

Bild 31: Erfassen von gekrümmten Konturen.

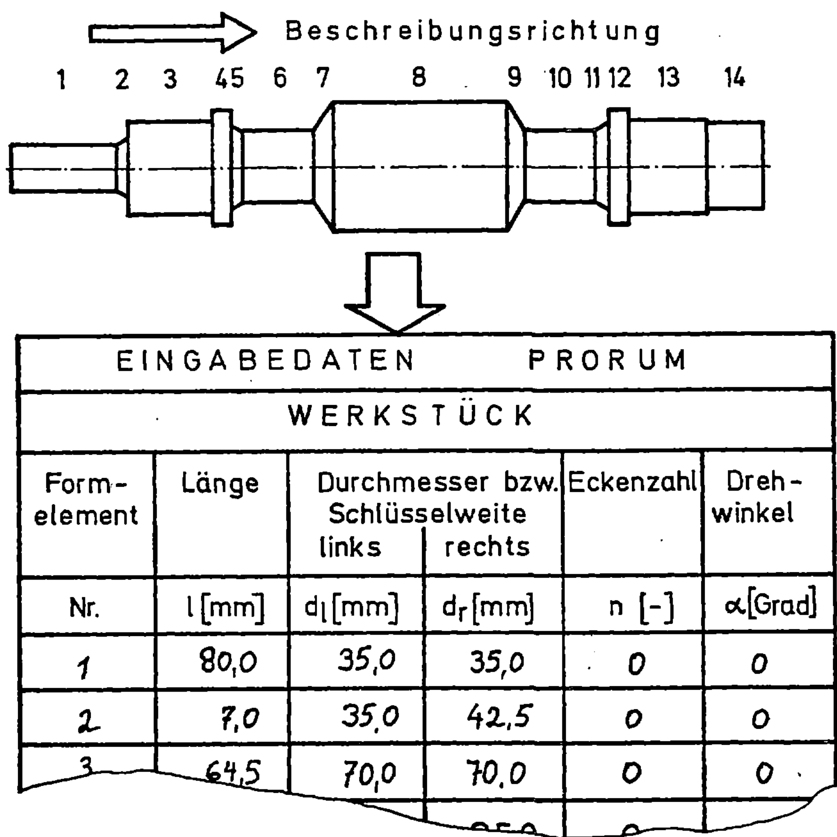

EINGABEDATEN   PRORUM

WERKSTÜCK

Form-element	Länge	Durchmesser bzw. Schlüsselweite		Eckenzahl	Dreh-winkel
		links	rechts		
Nr.	l [mm]	d_l [mm]	d_r [mm]	n [-]	α [Grad]
1	80,0	35,0	35,0	0	0
2	7,0	35,0	42,5	0	0
3	64,5	70,0	70,0	0	0

Bild 32: Eingabedaten für Programmsystem.

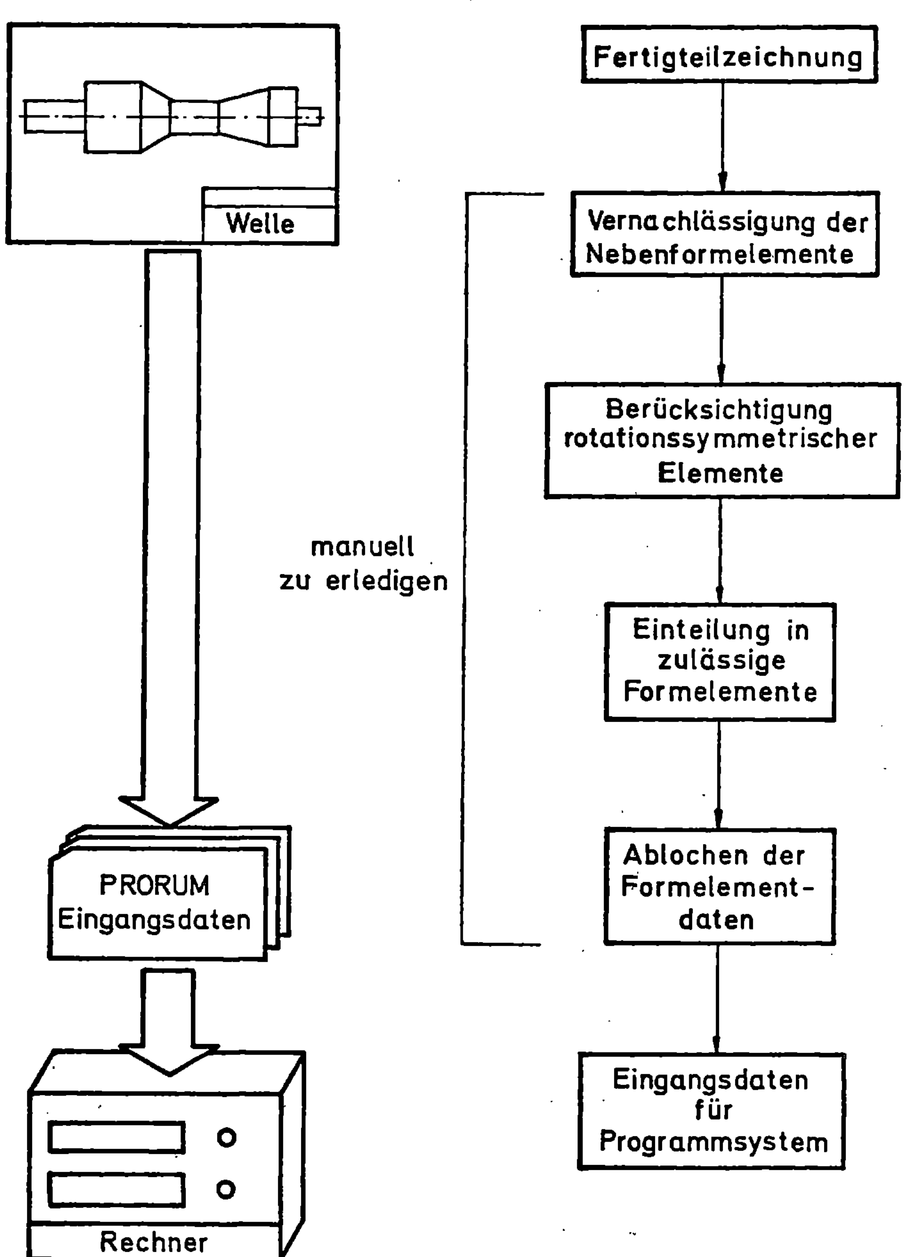

Bild 33:   Ablauf der Eingangsdatenerstellung.

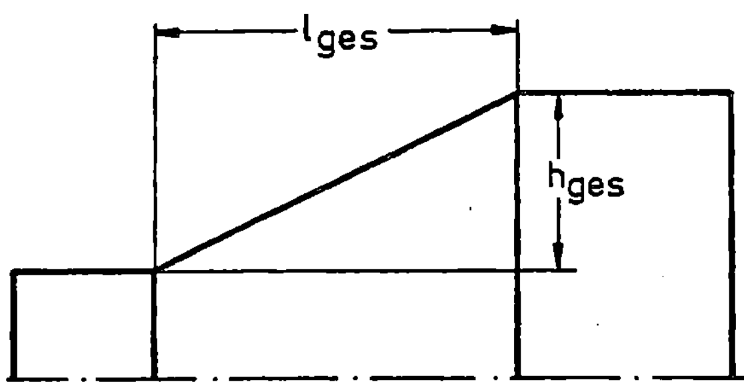

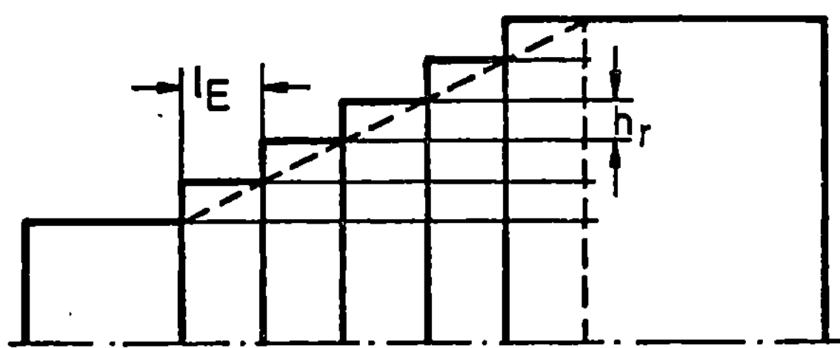

Bild 34:   Abstufen kegeliger Formelemente.

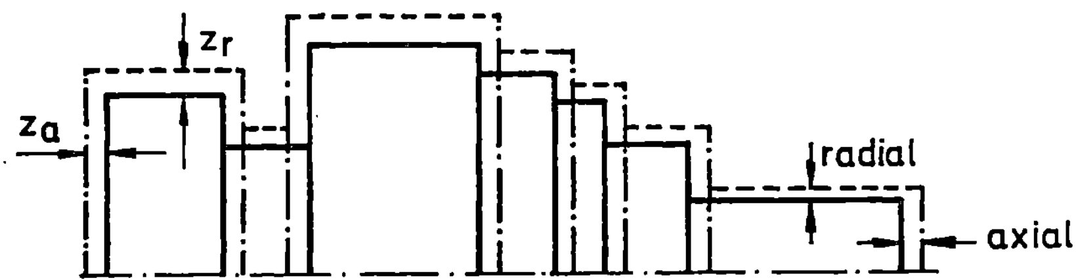

Bild 35:   Radiale und axiale Bearbeitungszugaben.

	Werkstück	Werkzeug	Spannfutter	Zentraleinheit
Werkstück		● 1		● 2
Werkzeug	● 3	● 4	● 5	● 6
Spannfutter		● 7		● 8

● Kollisionsgefahr

Bild 36: Zusammenstellung der Kollisionsfälle.

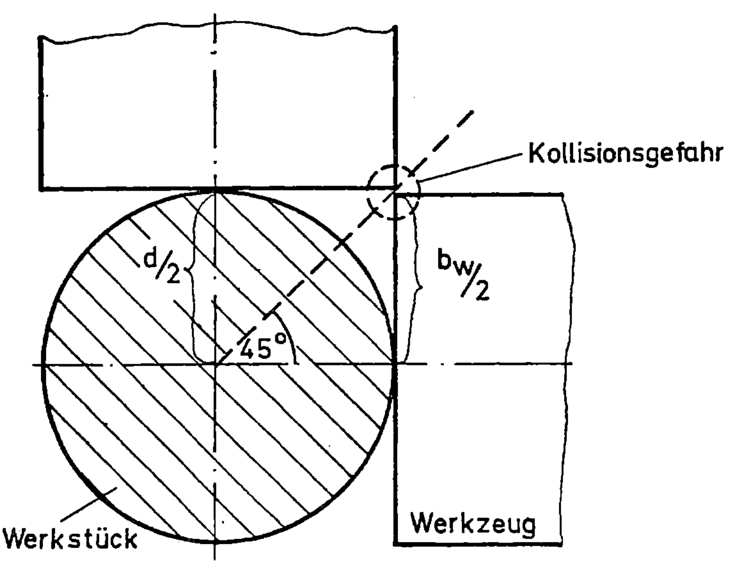

Bild 37: Kollision Werkzeug - Werkzeug.

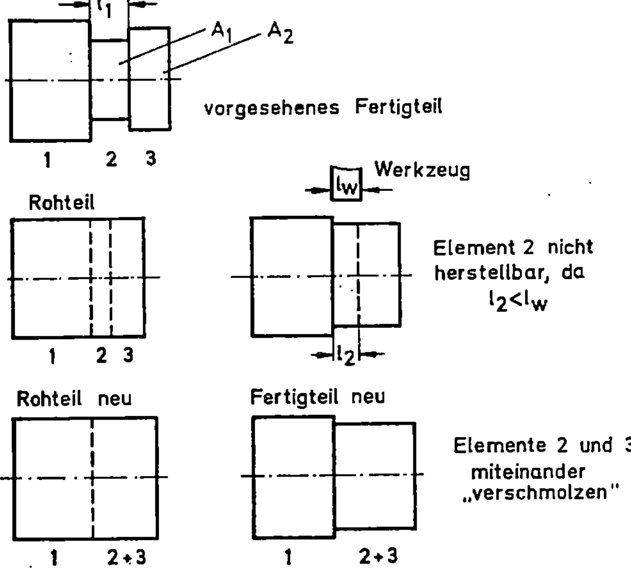

Bild 38: Berücksichtigung tieferliegender Formelemente.

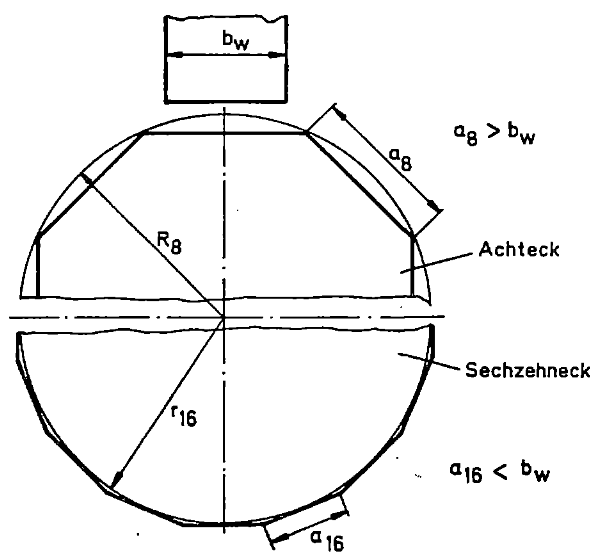

Bild 39: Überprüfung der Seitenlänge des Formelementquerschnitts

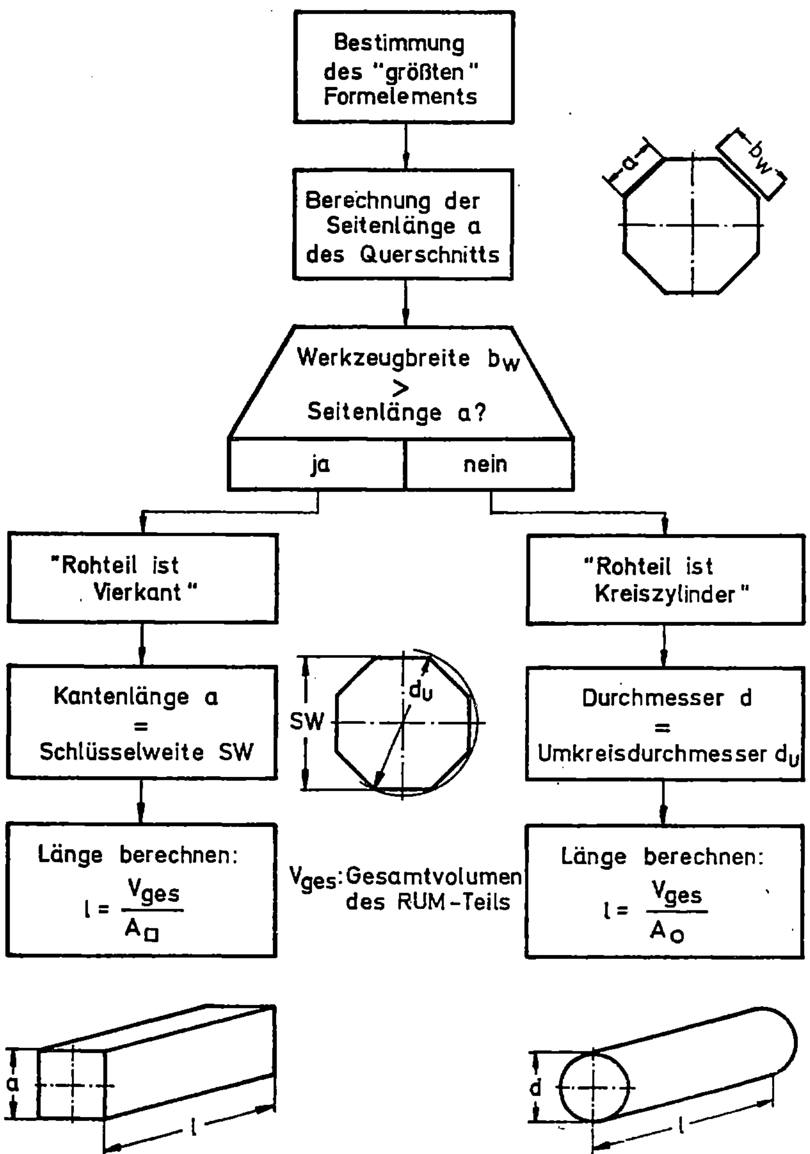

Bild 40: Bestimmung des Rohteilquerschnitts.

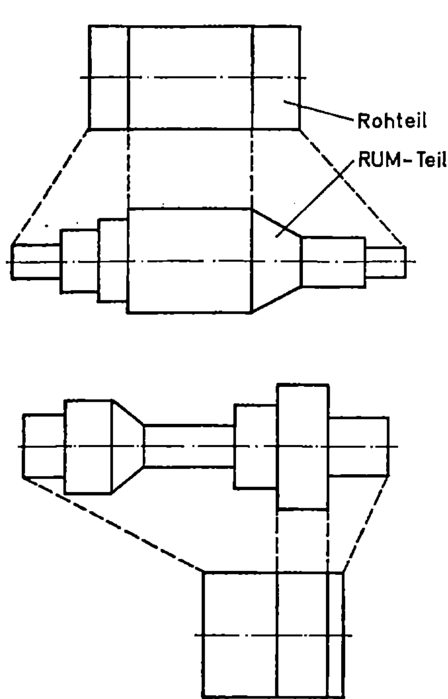

Bild 41: Volumkonstanz zwischen Rohteil und RUM-Teil.

Werkstoff-kennziffer	Querschnitt-kennziffer 1=Kreis 2=Quadrat	Durchmesser bzw. Kantenlänge [mm]	Länge [mm]
1	1	100	15000
1	1	110	400
1	1	120	1650
1	1	130	0
27	2	140	850
27	2	150	1540
27	2	160	2200
27	2	200	830

Bild 42: Rohteildatei.

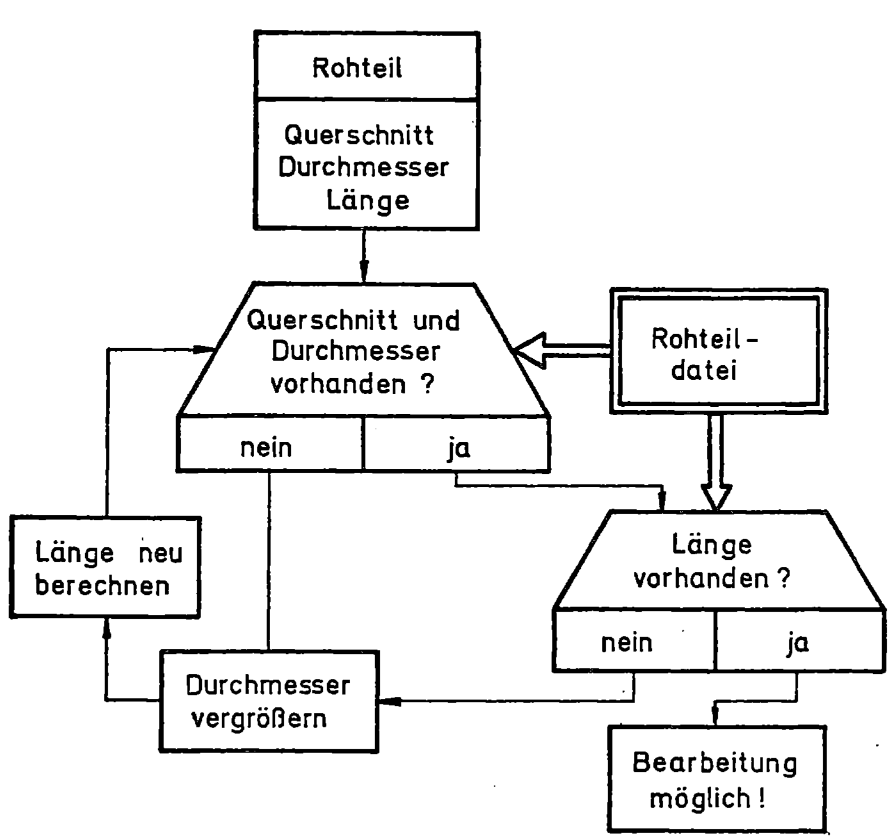

Bild 43:   Nutzung der Rohteildatei

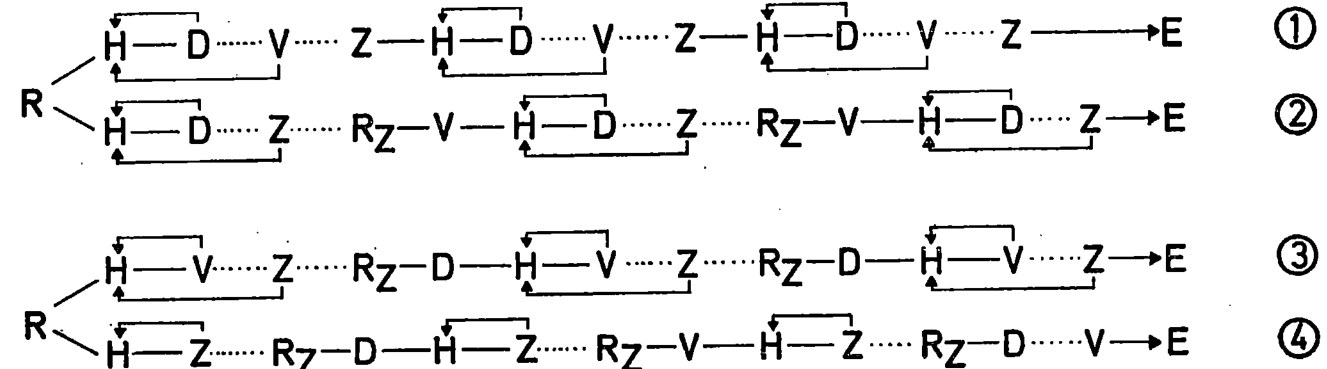

R: alle Referenzpunkte anfahren

R_Z: Referenzpunkt „Zustellung" anfahren

H: Arbeitshub

V: Vorschub

E: Endmaße erreicht

D: Drehung Werkstück

Z: Zustellung

H—D: aufeinanderfolgende Funktionen

D·····V: nicht unmittelbar aufeinanderfolgende Funktionen

H—D: Wiederholung einer Funktionsfolge

Bild 44: Mögliche Varianten des Bearbeitungszyklus "Radialumformen".

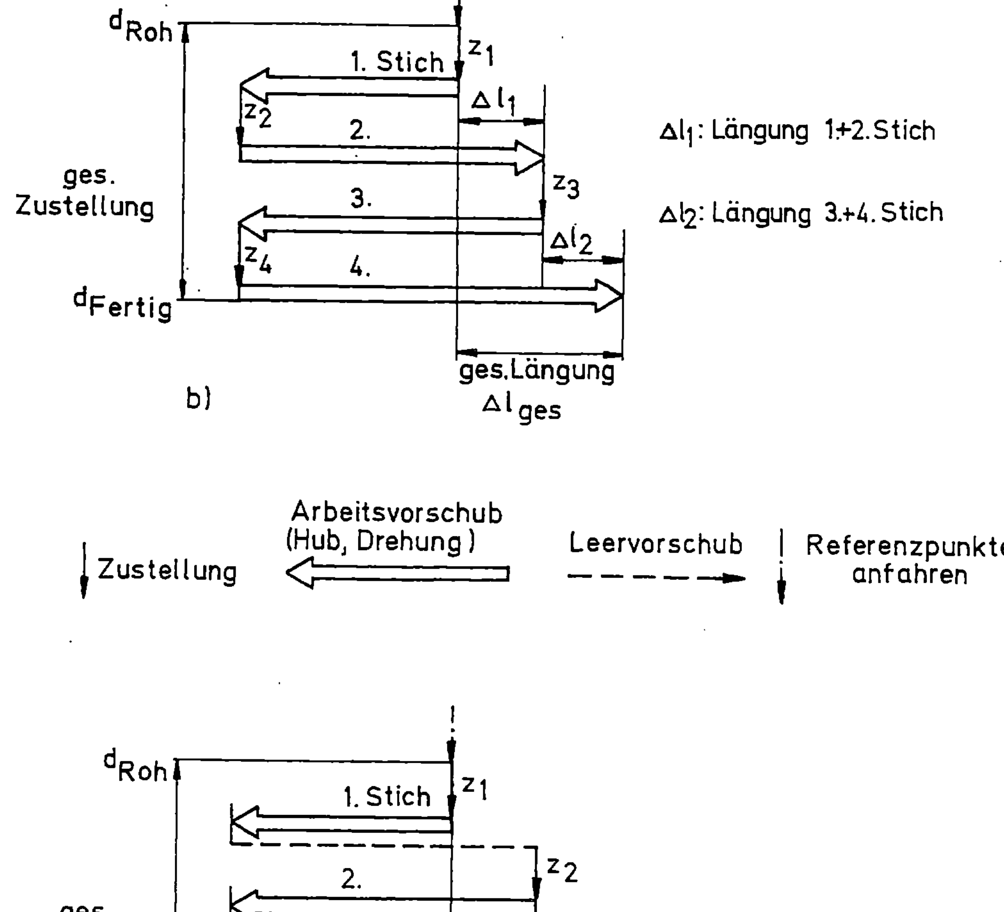

Bild 45: Zeitliche Optimierung des Bearbeitungszyklus
"Radialumformen".

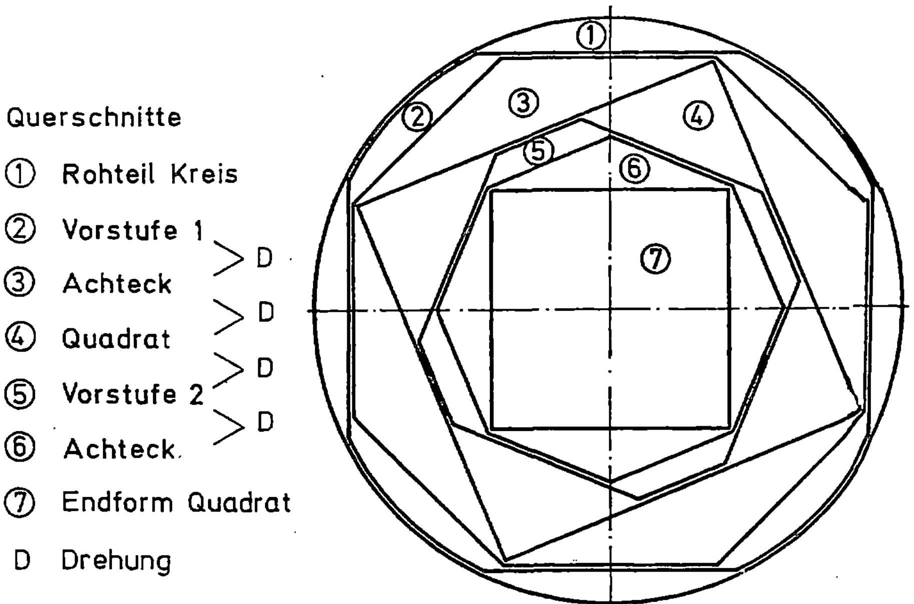

Bild 46: Bearbeitungszyklus "Kreis → Quadrat".

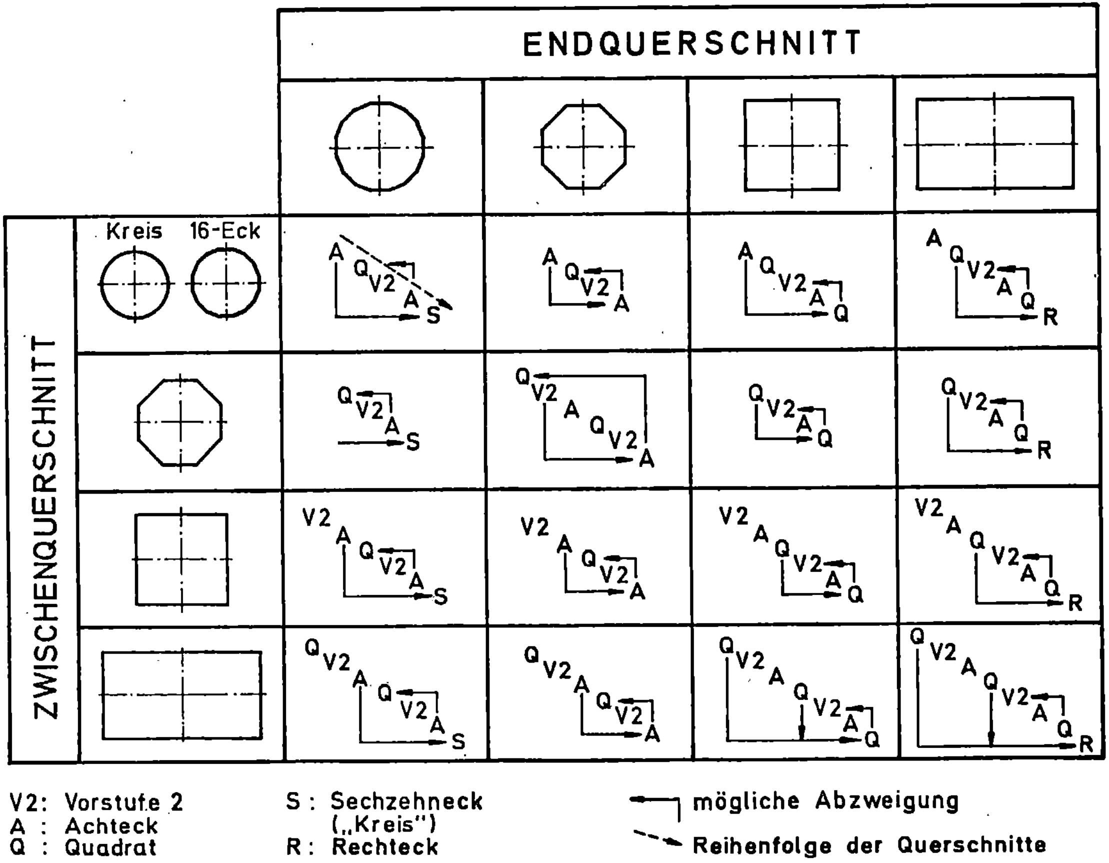

Bild 47: Zusammenstellung der Bearbeitungszyklen "Formelement".

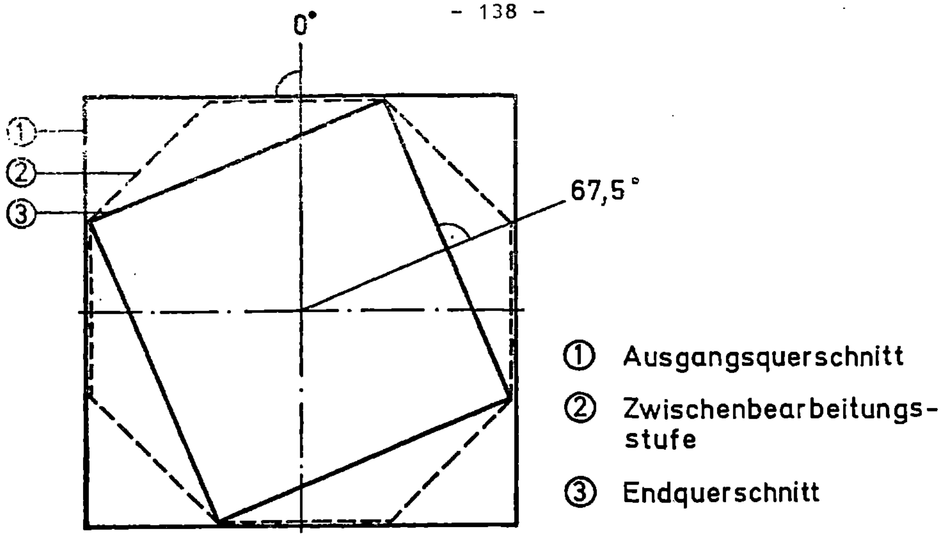

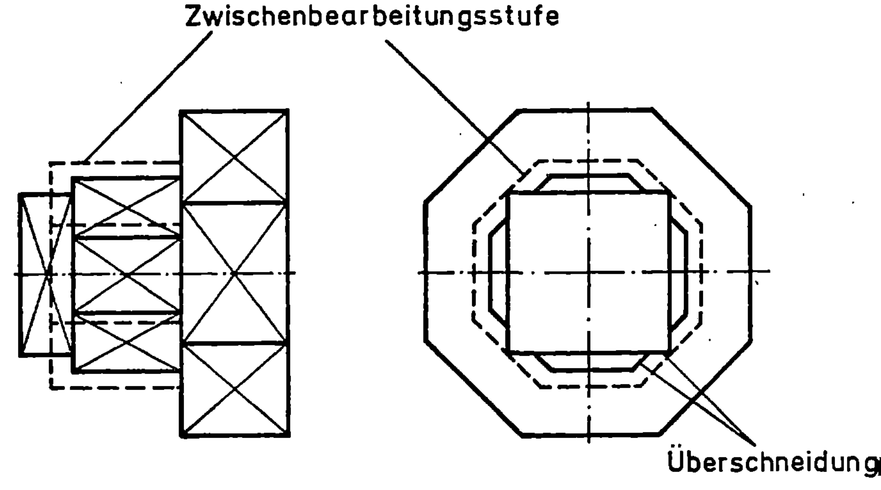

Bild 48: Kriterien für Zwischenbearbeitungsstufen.

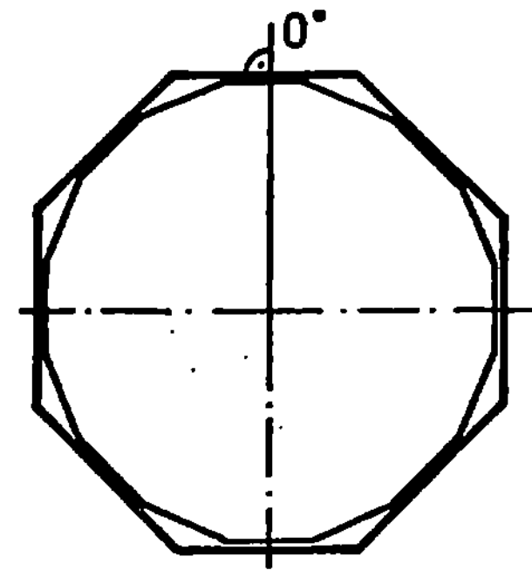

Achteck →Sechzehneck

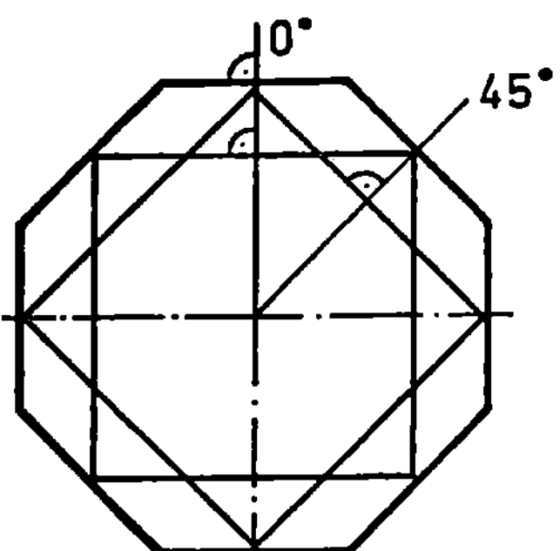

Achteck → Quadrat

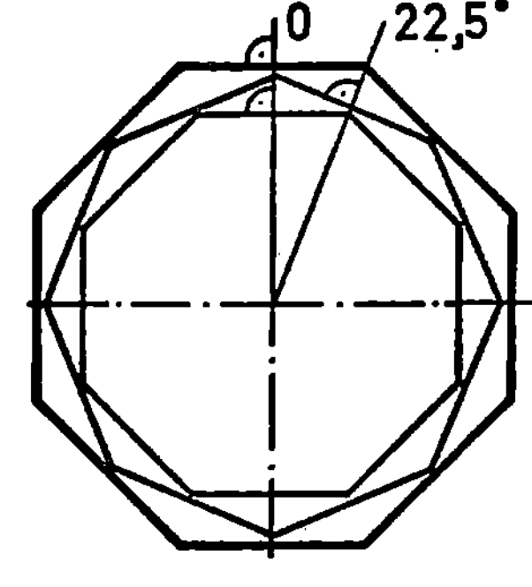

Achteck →Achteck

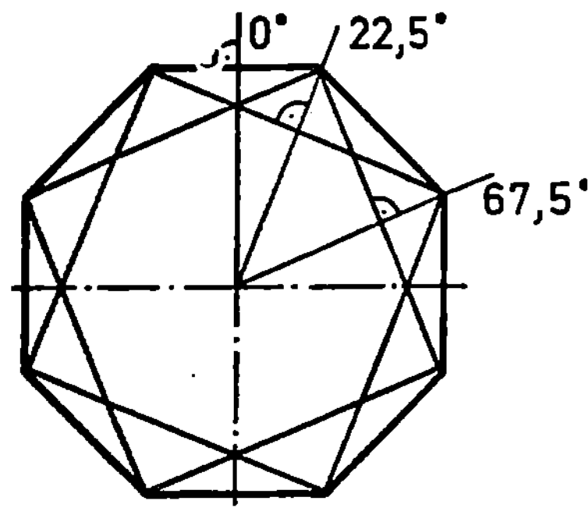

Achteck →Quadrat

Bild 49: Das Achteck als zweckmäßige Zwischenbearbeitungsstufe.

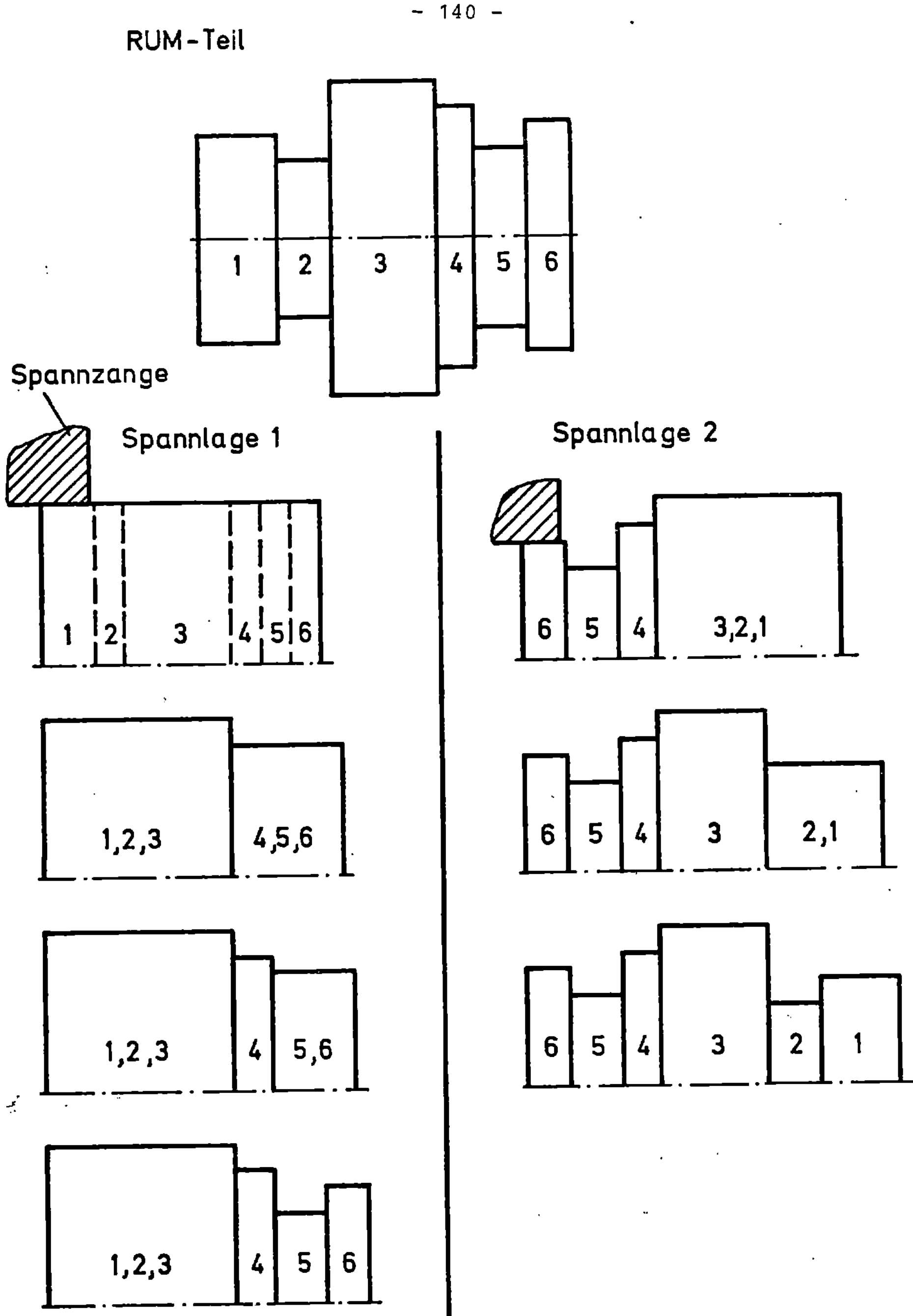

Bild 50: Bearbeitungsfolge bei Werkstücken mit mehrfach ab- und

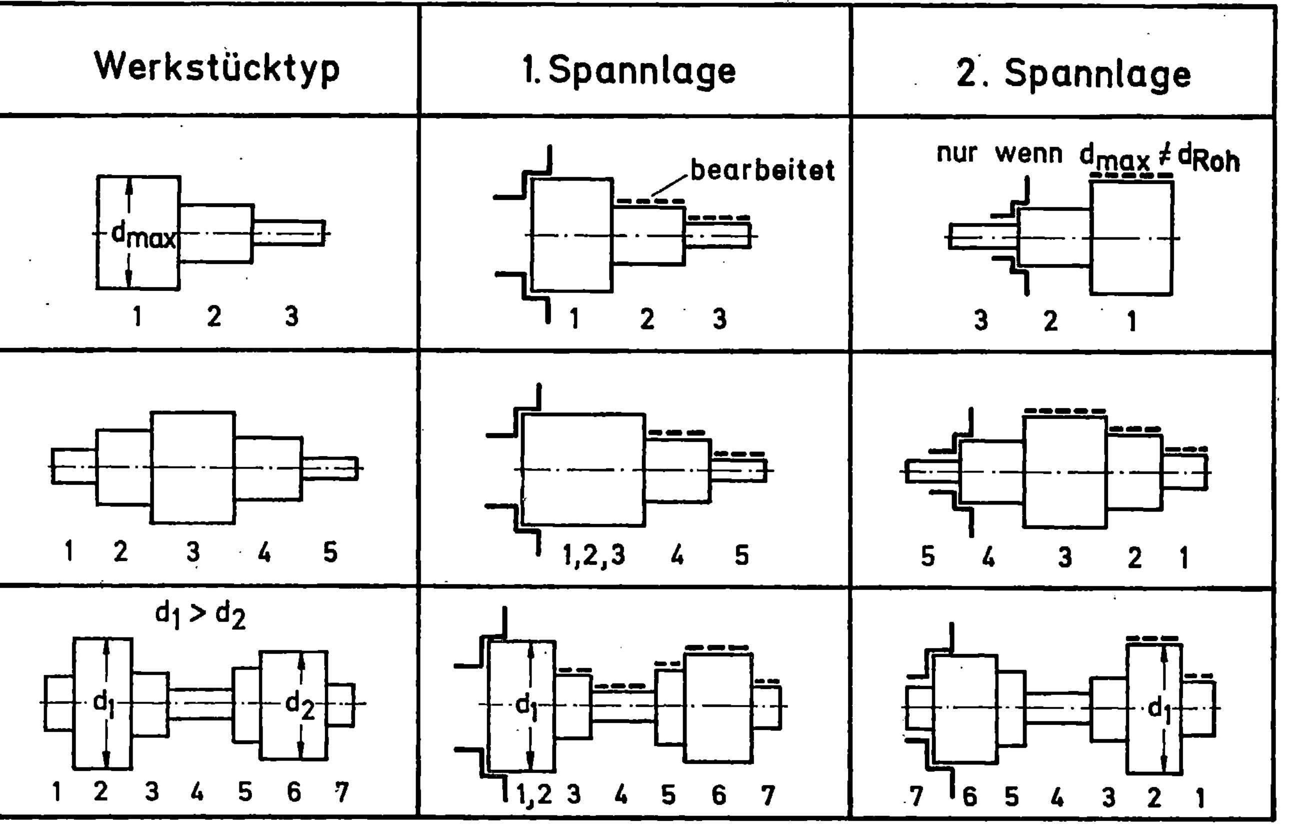

Bild 51: Bestimmung der Spannfolge in Abhängigkeit vom Werkstücktyp.

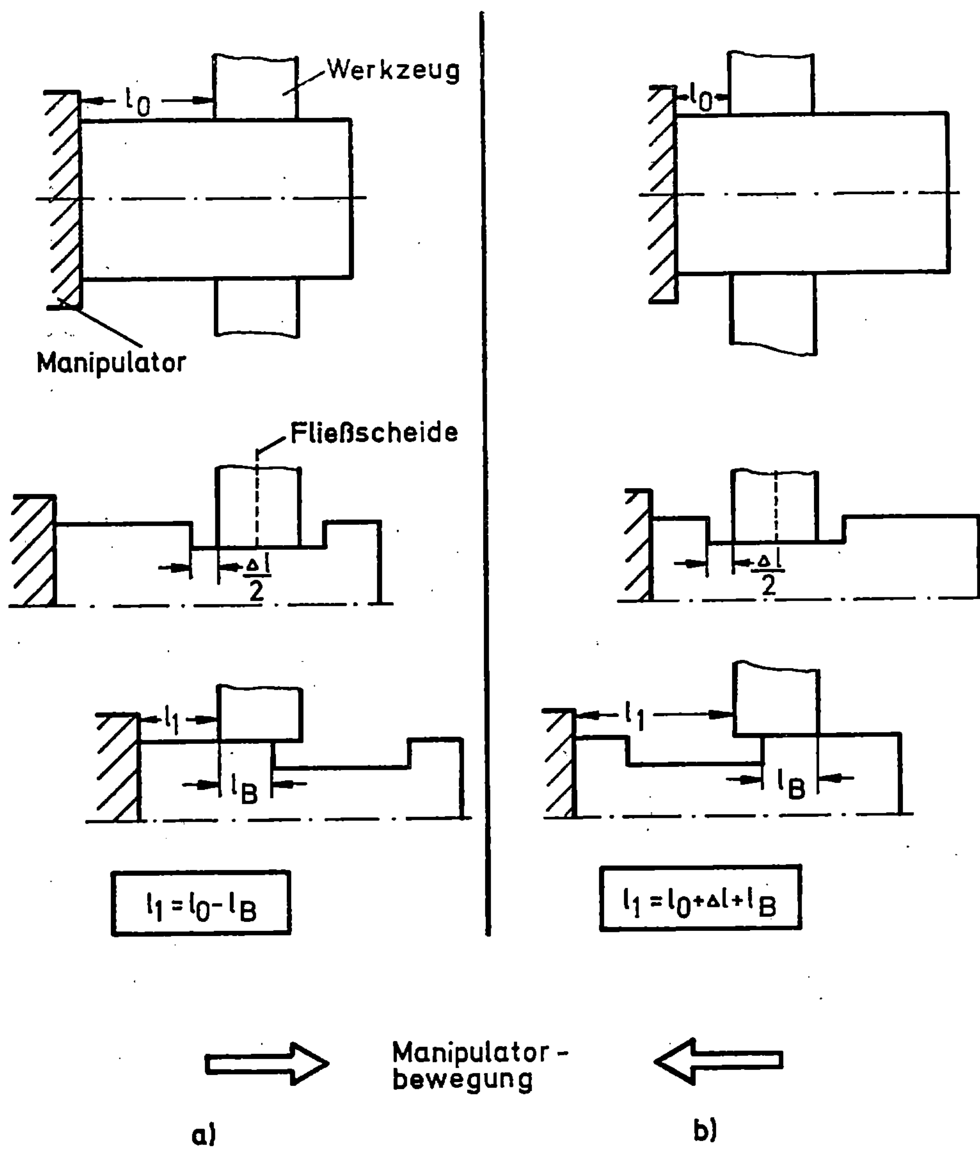

Bild 52: Berücksichtigung der Längung.

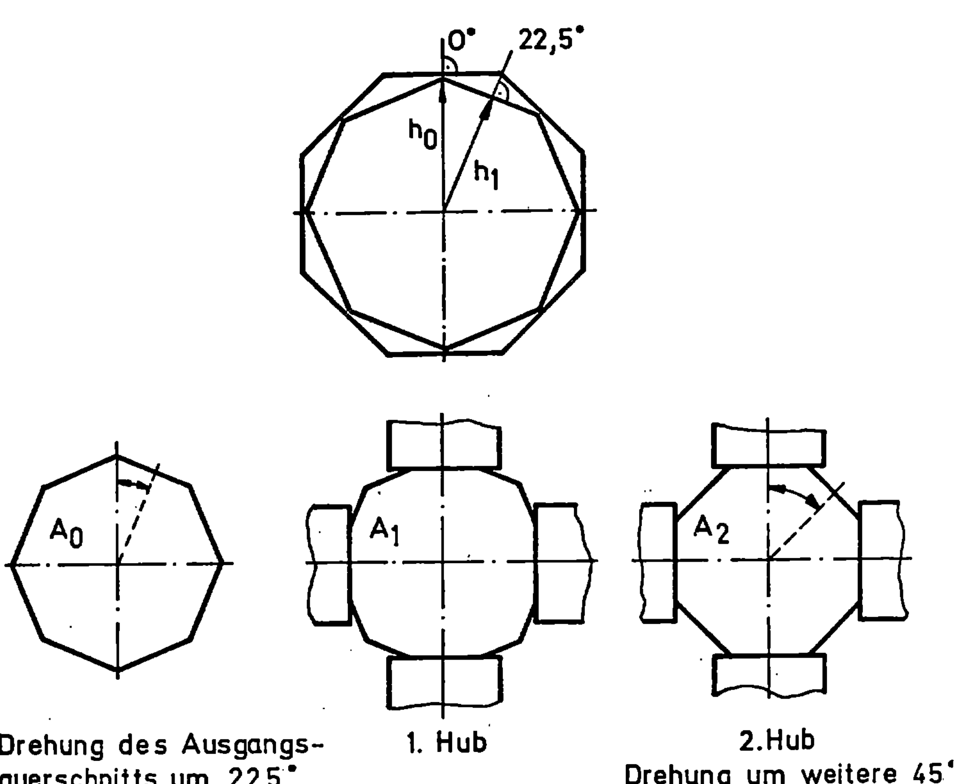

Bild 53: Bearbeitungsfolge "Achteck mit 0° - Achteck mit 22,5°".

E I N G A B E D A T E N

WERKSTUECKDATEN

```
         ****************************************************
 FORM  * LAENGE  *  SW    *  SW   * ECKEN- * DREH-   * SW=SCHLUESSEL-
 ELE-  *         * LINKS  * RECHTS* ANZAHL * WINKEL  *    WEITE
 MENT  *         *        *       *        *         *
 NR.   *         *        *       *        *         *
       *  (MM)   *  (MM)  * (MM)  *        * (GRAD)  *
       ****************************************************
   1   *   80.0     35.0    35.0      0       0.00   *
       ****************************************************
   2   *    8.0     35.0    42.0      0       0.00   *
       ****************************************************
   3   *   55.0     70.0    70.0      0       0.00   *
       ****************************************************
   4   *   15.0     85.0    85.0      0       0.00   *
       ****************************************************
   5   *    8.0     60.0    52.0      0       0.00   *
       ****************************************************
   6   *   55.0     52.0    52.0      0       0.00   *
       ****************************************************
   7   *   15.0     52.0    94.0      0       0.00   *
       ****************************************************
```

WERKZEUGABMESSUNGEN

$E1 =$ 10   (MM)   (WERKZEUGLAENGE)

$E2 =$ 110   (MM)   (WERKZEUGBREITE)

BEARBEITUNGSZUGABEN

$E3 =$ 4   (MM)   (AXIALE BEARBEITUNGSZUGABE)

$E4 =$ 0.05   (RADIALER BEARBEITUNGSZUGABEFAKTOR)

STUFENHOEHE FUER KEGELABSTUFUNG

$E5 =$ 5   (MM)   (HOEHE EINER STUFE)

LAENGSVORSCHUB

$E6 =$ 8   (MM)   (VORSCHUB PRO HUB)

MAXIMALER TEILUMFORMGRAD PHI

$E7 =$ -0.23   (UMFORMGRAD)

Bild 54: Vom Rechner ausgedruckte Eingabedaten.

```
3EI FE-NR        2          WIRD KEGEL- IN ZYLINDERKONTUR ABGEAENDERT

3EI FE-NR        5          WIRD KEGEL- IN ZYLINDERKONTUR ABGEAENDERT

3EI FE-NR        7          WIRD KEGEL- IN ZYLINDERKONTUR ABGEAENDERT

3EI FE-NR        9          WIRD KEGEL- IN ZYLINDERKONTUR ABGEAENDERT

3EI FE-NR       11          WIRD KEGEL- IN ZYLINDERKONTUR ABGEAENDERT


FE-NR.           2          WIRD MIT FE-NR. 3         VERSCHMOLZEN

FE-NR.           4          WIRD MIT FE-NR. 3         VERSCHMOLZEN

FE-NR.           9          WIRD MIT FE-NR. 10        VERSCHMOLZEN
```

Bild 55: Anpassung der Werkstückdaten an die Technologie der Radialumformmaschine, dokumentiert durch Rechnerausdruck.

```
NR       L (MM) DL (MM) DR     N      WIN(GRD)     VOL      (MM†3)    VOLGES

 1 *   100.0   33.0    33.0   16    0.00       346584.0          346584.0 *
 2 *   110.0   44.0    44.0   16    0.00       677766.0         1024350.0 *
 3 *    72.1   82.5     0.0   16    0.00      1561180.0         2585530.0 *
 4 *   110.0   82.5    82.5   16    0.00      2382770.0         4968300.0 *
 5 *   130.0   44.0    44.0    4   22.50      1006720.0         5975020.0 *
 6 *    20.0   33.0    33.0   16    0.00        69316.9         6044330.0 *


                    ROHTEILABMESSUNGEN
                    ---------------------------



                    VIERKANTMATERIAL

                    LAENGE      222
                      (MM)
                    KANTENLAENGE    165
                      (MM)
```

Bild 56: Rohteildaten (Rechnerausdruck).

```
*********************************
*BEARBEITUNG*      GRENZE       *
*REIHENFOLGE* LINKS * RECHTS *
*  FE-NR.   * FE-NR * FE-NR   *
*********************************
*    8      *   7   *  11     *
*   10      *   8   *  11     *
*    9      *   8   *  10     *
*    4      *   0   *   8     *
*    5      *   4   *   8     *
*    2      *   0   *   4     *
*    1      *   0   *   2     *
*    6      *   5   *   8     *
*    7      *   6   *   8     *
*    3      *   2   *   4     *
*********************************
```

Bild 57:   Rechnerausdruck: Bearbeitungsreihenfolge.

B E A R B E I T U N G S D A T E N

```
***********************************************************************
FORM-  *   LAENGS-      *ANZAHL *LETZTER*DREH-  *HUBLAGE*WERKZEUG-*
ELE-   *   VORSCHUB     *GANZE  *VOR-   *WINKEL*        *KOLLISION*
MENT   *  VON  *  BIS   *VOR-   *SCHUB  *   *      *     * JA  =1  *
NR.    *  (MM) *  (MM)  *SCHUEBE* (MM)  *(GRAD)*  (MM)  * NEIN=0  *
***********************************************************************
       * 151.5   253.9    12     6.4    45.00   110.41      0   *
S3=                0
       * 151.5   253.9    12     6.4     0.00   110.41      0   *
       * 151.5   253.9    12     6.4    45.00   110.41      0   *
       * 151.5   231.7    10     0.2    22.50   110.41      0   *
       * 151.5   233.3    10     1.8    67.50   110.41      0   *
       * 151.5   236.6    10     5.0    11.25   104.00      0   *
       * 151.5   240.1    11     0.6    56.25   104.00      0   *
       * 151.5   222.1     8     6.6    11.25    98.95      0   *
       * 151.5   225.5     9     2.0    56.25    98.95      0   *
       * 151.5   206.9     6     7.4    11.25    93.90      0   *
       * 151.5   209.7     7     2.1    56.25    93.90      0   *
       * 151.5   190.3     4     6.8    11.25    88.85      0   *
       * 151.5   192.3     5     0.8    56.25    88.85      0   *
       * 151.5   172.0     2     4.5    11.25    83.80      0   *
       * 151.5   173.1     2     5.6    56.25    83.80      0   *
       8 KEGEL*************************************************
S3=       .        3.039507032
       * 259.5   291.6     4     0.1     0.00    87.72      0   *
       * 259.5   297.3     4     5.8    45.00    87.72      0   *
       * 259.5   310.3     6     2.8     0.00    69.70      0   *
       * 259.5   319.4     7     3.9    45.00    69.70      0   *
       * 259.5   340.0    10     0.5     0.00    55.38      0   *
       * 259.5   354.3    11     6.8    45.00    55.38      0   *
       * 259.5   355.2    11     7.7     0.00    54.88      1   *
       * 259.5   356.1    12     0.5    45.00    54.88      1   *
       * 291.1   383.0    11     3.8    22.50    42.00      1   *
```

Bild 58:   Rechnerausdruck: Bearbeitungsdaten.

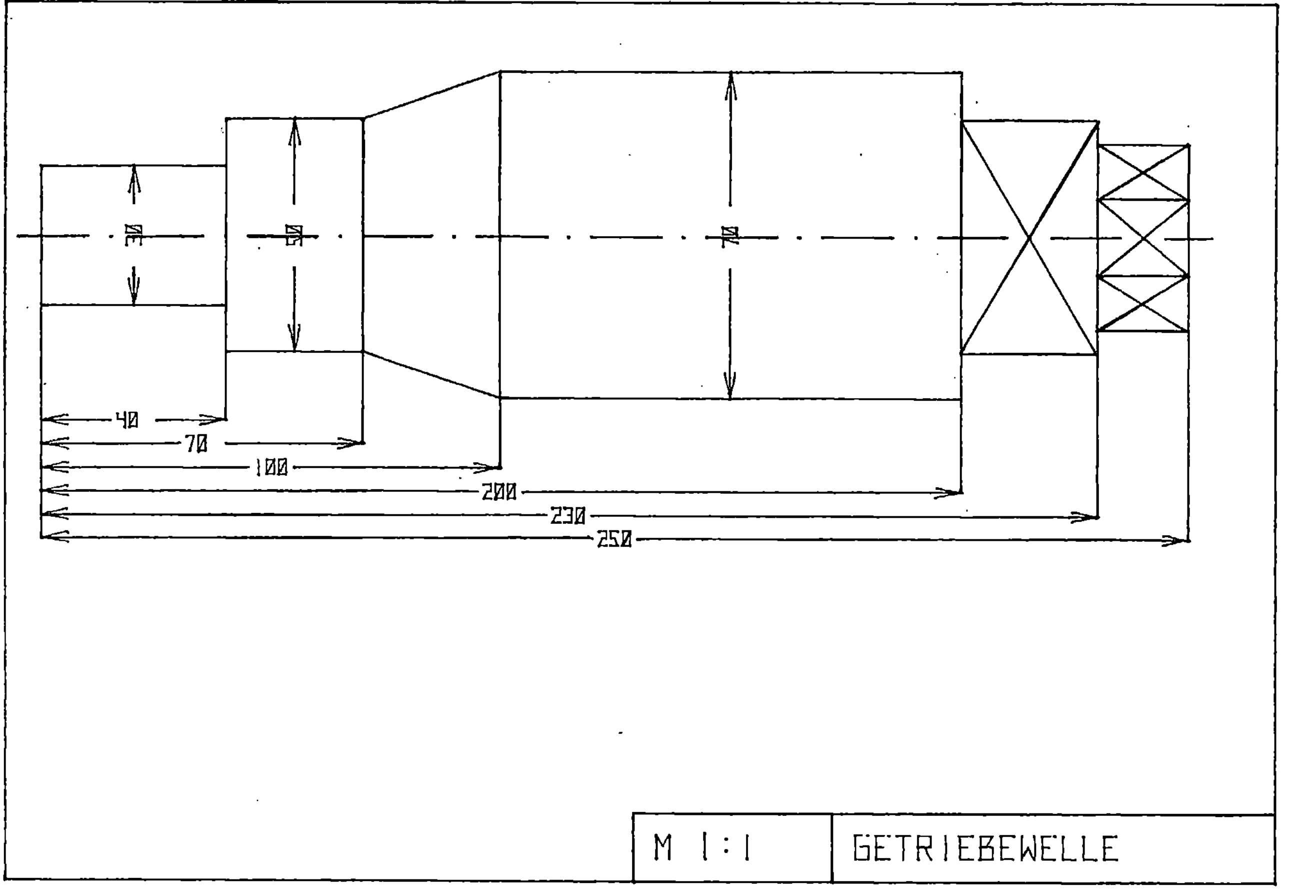

Bild 59:   Plotterdarstellung: Fertigteil.

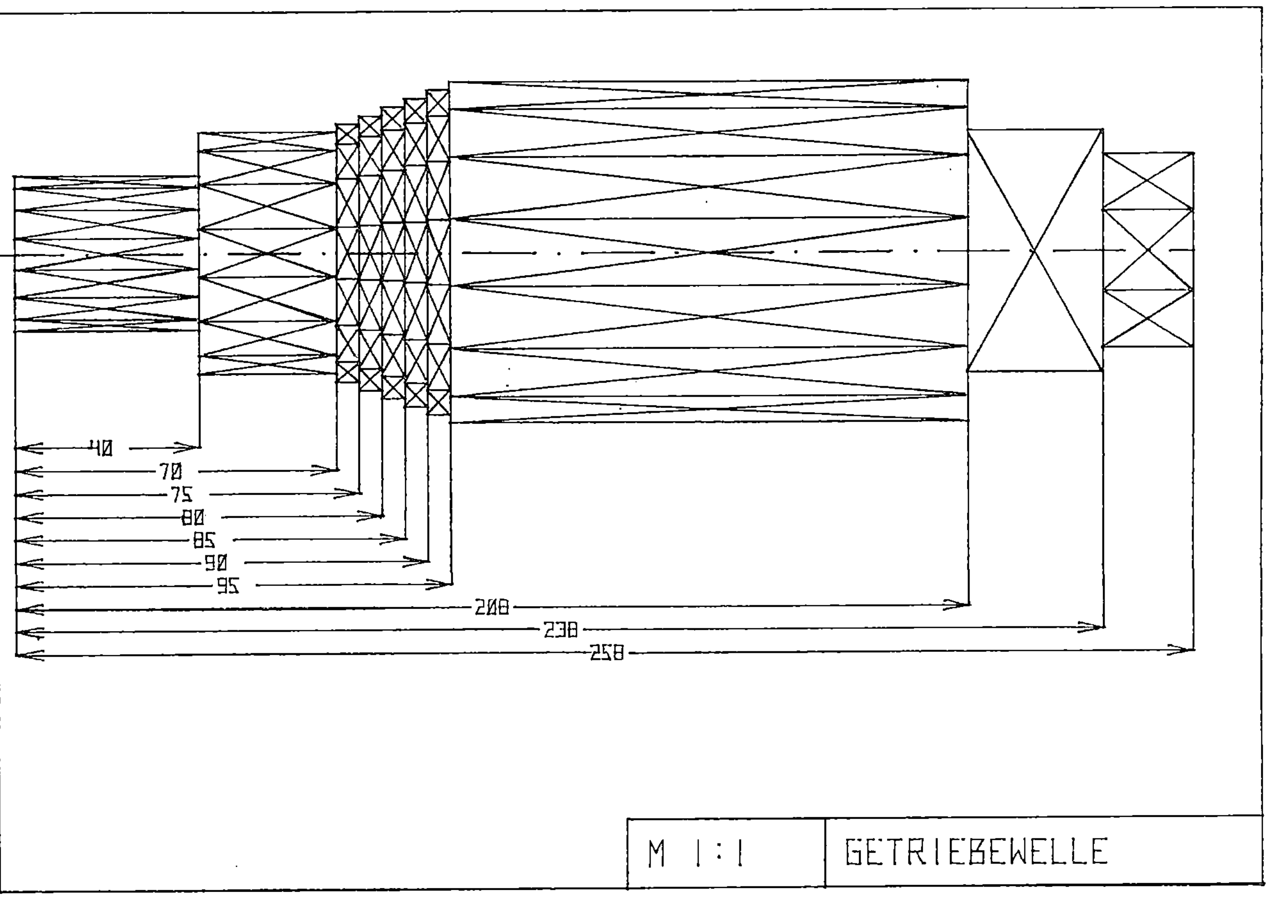

Bild 60: Plotterdarstellung: RUM-Teil.

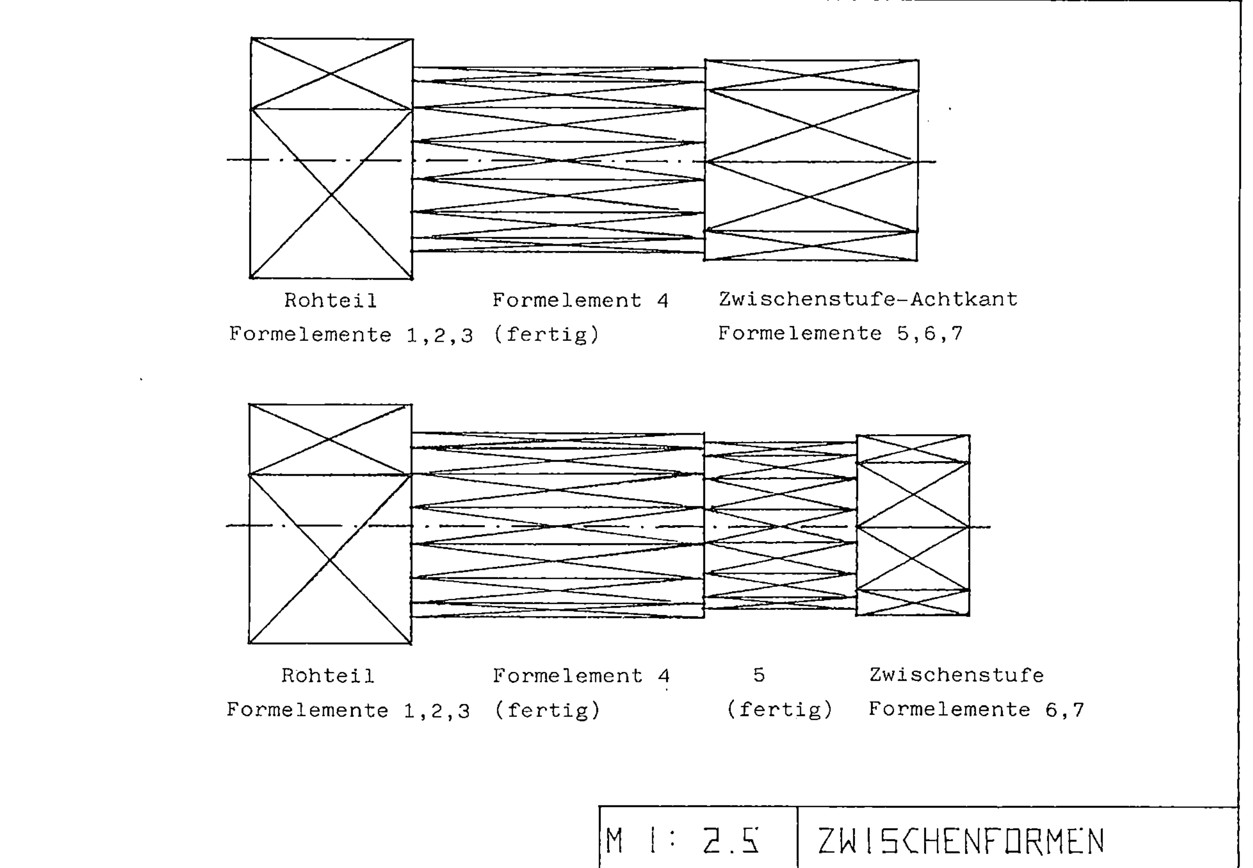

Bild 61:   Plotterdarstellung: Arbeitsfortschritt

Tabelle 1: Aufgaben der Einzelprogramme des Programmsystems PRORUM.

RADI 1	- Eingabe der zur Bearbeitung des Werkstücks benötigten Daten - Ausdrucken der Eingabedaten
RADI 2	- Berechnen der Bearbeitungszugaben (axial/radial) - Berechnen der Daten für die Kegelabstufung (Tabelle H) - Berechnen der Formelementhöhen vor der letzten Bearbeitungsstufe (Tabelle E)
RADI 3	- Prüfen der Formelementlänge auf Herstellbarkeit (ggf. ändern = Verschmelzen mit einem benachbarten Formelement)
RADI 4	- Prüfen der Seitenlänge des Formelementquerschnitts auf Herstellbarkeit (ggf. Eckenzahl und Höhe ändern) - Berechnen der Formelementvolumen - Formelemente der Höhe nach ordnen (Tabelle B)
RADI 5	- Festlegen der Bearbeitungsfolge der Formelemente (Tabelle C) - Berechnen der Rohteil-Abmessungen - Berechnen der aktuellen Höhe und Länge der Formelemente (Tabelle G)
RADI 6	- Drucken der Kopfes für die Bearbeitungsdaten
RADI 7	- Berechnen der Bearbeitungsdaten eines Formelements ohne die letzte Bearbeitungsstufe - Drucken der Bearbeitungsdaten.
RADI 8	- Berechnen der Bearbeitungsdaten für die letzte Bearbeitungsstufe
RADI 9	- Berechnen der Bearbeitungsdaten für die Kegelabstufung
RADI 10	- Berechnen der Bearbeitungsdaten für Formelemente, die während der Kegelabstufung umgeformt werden
RADI 11	- Wenden des Werkstückes in der Spannzange (Umspeichern der Daten in Tabelle A, C, E, G, H)

Tabelle 2: Bestimmung von Drehwinkel und Hublage.

Querschnitt	Winkel-drehung	Ausgangs-querschnitt	Drehwinkel		Hublage h_0		Umformgrad φ	
			1. Hub	2. Hub	1. Hub	2. Hub	1. Hub	2. Hub
Quadrat	$0^0;45^0$	Achteck 0^0	$0^0;45^0$ Werkzeugpaar 1	$0^0;45^0$ Werkzeugpaar 2	$h_0 = h_1 \cdot \sqrt{2}$	$h_0 = h_1 \cdot \sqrt{2}$	0,22	0,28
	$22,5^0;67,5^0$	Achteck 0^0	$22,5^0;67,5^0$ Werkzeugpaar 1	$22,5^0;67,5^0$ Werkzeugpaar 2	$h_0 = h_1 \cdot \sqrt{2} \cdot \cos 22,5^0$	$h_0 = h_1 \cdot \sqrt{2} \cdot \cos 22,5^0$	0,16	0,19
	$11,25^0;33,75^0$ $56,25^0;78,75^0$	Sechzehneck 0^0	$11,25^0;33,75^0$ $56,25^0;78,75^0$ Werkzeugpaar 1	$11,25^0;33,75^0$ $56,25^0;78,75^0$ Werkzeugpaar 2	$h_0 = h_1 \cdot \sqrt{2} \cdot \cos 11,25^0$	$h_0 = h_1 \cdot \sqrt{2} \cdot \cos 11,25^0$	0,19	0,24
Achteck	0^0	Achteck 0^0	0^0	45^0	$h_0 = \dfrac{h_1}{\sqrt{e^\varphi}}$	$h_0 = \dfrac{h_1}{\sqrt{e^\varphi}}$	—	—
	$22,5^0$	Achteck 0^0	$22,5^0$	$67,5^0$	$h_0 = \dfrac{h_1}{\cos 22,5^0}$	$h_0 = \dfrac{h_1}{\cos 22,5^0}$	0,08	0,08
	$11,25^0;33,75^0$	Sechzehneck 0^0	$11,25^0;33,75^0$	$56,25^0;78,75^0$	$h_0 = \dfrac{h_1 \cdot \cos 11,25^0}{\cos 22,5^0}$	$h_0 = \dfrac{h_1 \cdot \cos 11,25^0}{\cos 22,5^0}$	0,04	0,04
Sechzehneck	0^0	Achteck 0^0	$22,5^0$	$67,5^0$	$h_0 = h_1$	$h_0 = h_1$	0,02	0,02

Tabelle 3: Angaben zum Lochen der Eingabedaten.

Ablochanweisung			Eingabedaten
Kartenreihenfolge	Format	Beispiel	Information
1	F 3.0	14	Anzahl der Formelemente [-]
2 ff. Für jedes Form- element eine Karte lochen und in Form- elementreihen- folge eingeben	F 6.1 F 6.1 F 6.1 F 3.0 F 6.2	125.0 90.5 120.0 8 56.25	Formelementlänge [mm] Durchmesser - links [mm] Durchmesser - rechts [mm] Eckenzahl [-] Drehwinkel [Grad]
3	F 7.2 F 7.2	55.75 150.50	Werkzeuglänge [mm] Werkzeugbreite [mm]
4	F 7.2 F 7.2	4.00 0.05	axiale Bearbeitungszugabe [mm] radialer Zugabefaktor [-]
5	F 6.1	5.0	Stufenhöhe [mm]
6	F 6.1	30.0	max. Vorschub/Hub [mm]
7	F 6.2	-0.25	max. Umformgrad [-]

12 __Anhang

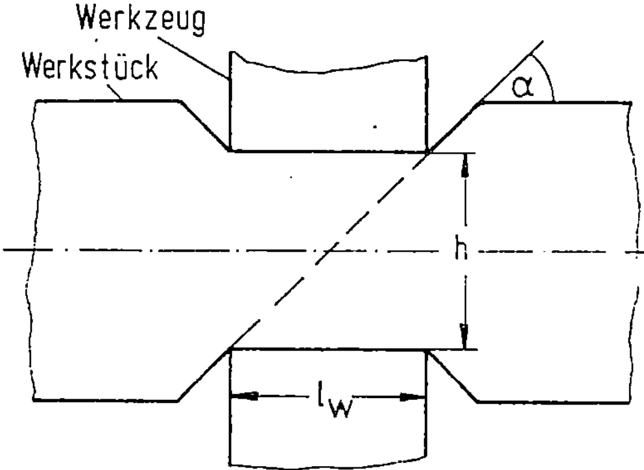

Bild 1A: Auftreten von Flankenwinkeln beim Eindringen von Werkzeugen in das Werkstück.

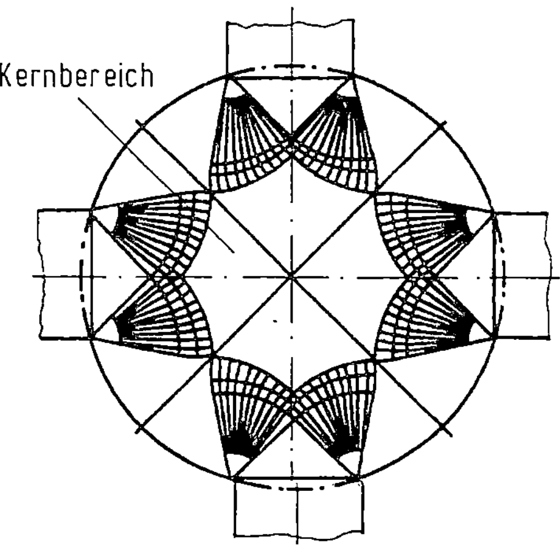

Bild 2A: Durchschmiedung bis in den Kern beim Arbeiten mit vier Werkzeugen.

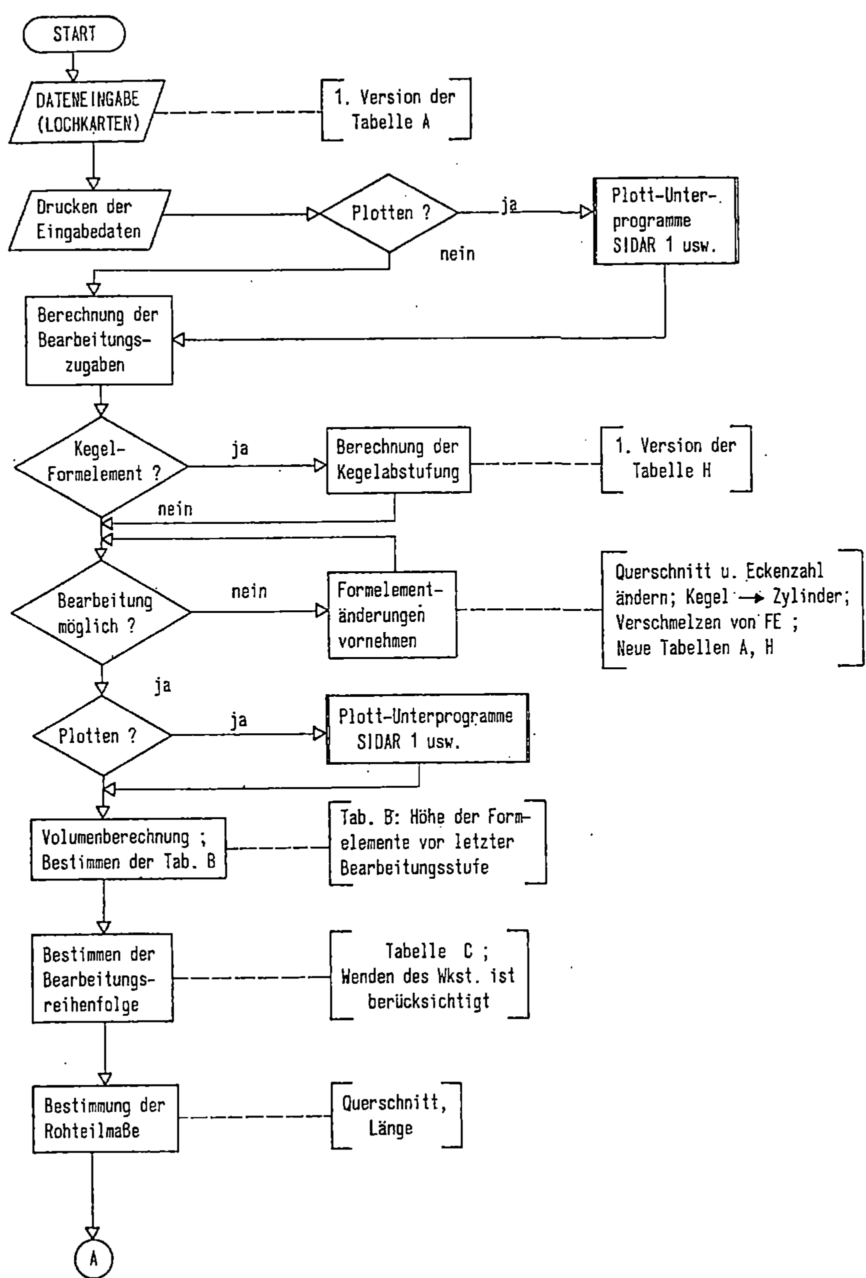

Bild 3A: Grobflußdiagramm des Systems PRORUM (1. Teil).

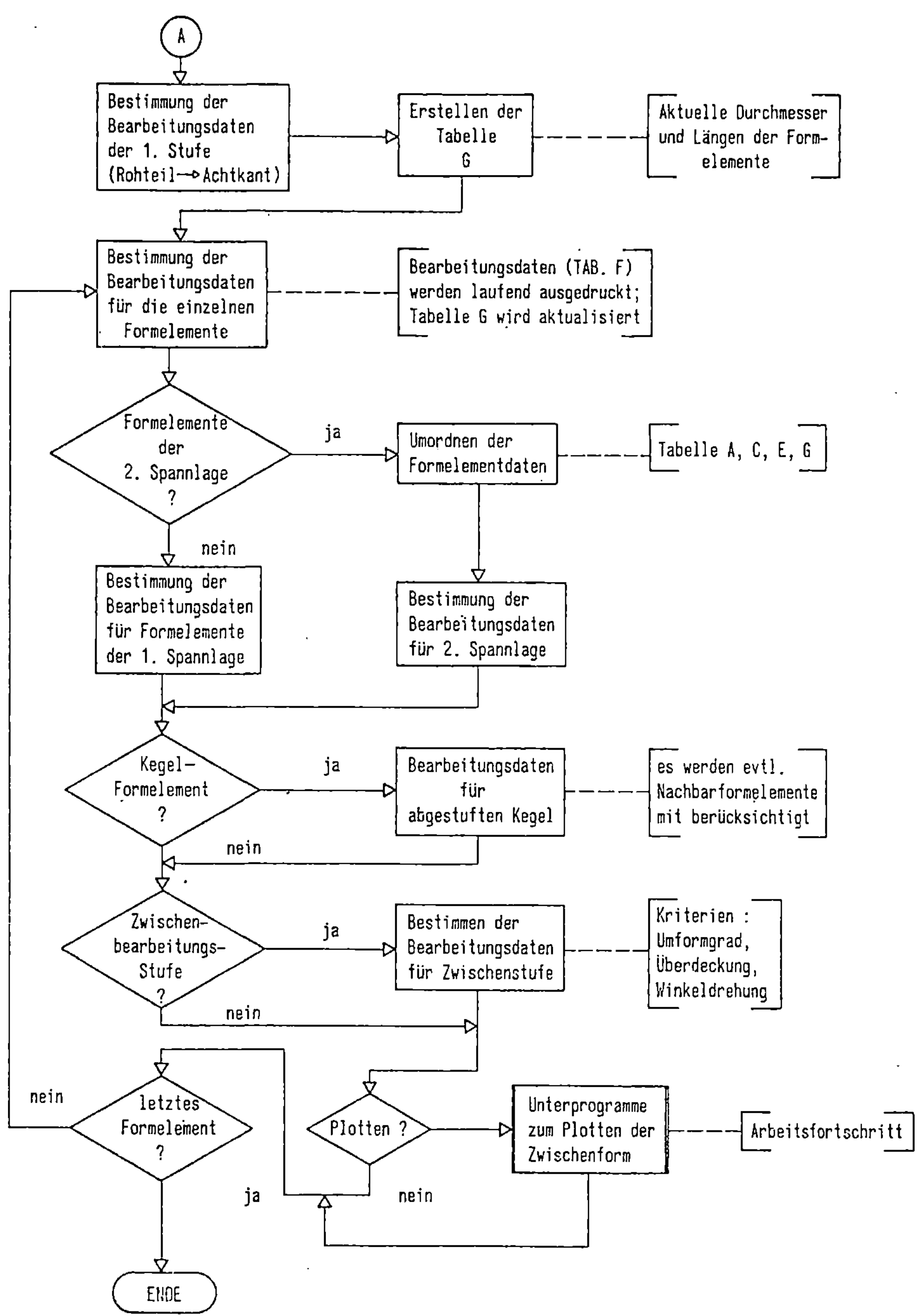

Bild 4A: Grobflußdiagramm des Systems PRORUM (2. Teil).

Berichte aus dem Institut für Umformtechnik der Universität Stuttgart

Herausgeber Professor Dr.-Ing. Kurt Lange

Die Berichte 1 bis 28 sind zu beziehen durch das Institut für Umformtechnik, Holzgartenstr. 17, 7000 Stuttgart 1
Die Berichte 29 bis 50 sind zu beziehen durch den Verlag W. Girardet, Postfach 9, 4300 Essen

Die Berichte 51 und folgende sind zu beziehen durch den Springer-Verlag, Berlin Heidelberg New York